全球互联网极简史

THE HISTORY OF THE INTERNET IN BYTE-SIZED CHUNKS

[英] 克里斯·斯托克尔-沃克（Chris Stokel-Walker） 著

陈锐珊 译

图书在版编目（CIP）数据

全球互联网极简史 / (英) 克里斯·斯托克尔-沃克著 ; 陈锐珊译. -- 北京 : 北京联合出版公司, 2024. 12. -- ISBN 978-7-5596-7974-1

Ⅰ. TP393.4

中国国家版本馆 CIP 数据核字第 2024M8Q973 号

The History of the Internet in Byte-Sized Chunks

Published by Michael O' Mara Books Limited

Simplified Chinese rights arranged through CA-LINK International LLC

全球互联网极简史

作　　者：[英]克里斯·斯托克尔-沃克

译　　者：陈锐珊

出 品 人：赵红仕

责任编辑：孙志文

封面设计：王梦珂

北京联合出版公司出版

（北京市西城区德外大街83号楼9层100088）

北京联合天畅文化传播公司发行

北京美图印务有限公司印刷　新华书店经销

字数200千字　880毫米×1230毫米　1/32　9.625印张

2024年12月第1版　2024年12月第1次印刷

ISBN 978-7-5596-7974-1

定价：67.00元

目
录

第二章 以静态网页为主的 Web 1.0

第三章 注重用户交互的 Web 2.0

第四章 全球互联网的主导者是谁

第五章 Web 2.0 及互联网如何塑造用户

谨以本书献给我的父母、爷爷，以及安格莉卡（Angelika）；

永远怀念伊冯娜·劳斯（Yvonne Laws）。

互联网时代的日常生活

今天你与互联网产生的第一次互动是在什么时候?

很多人在醒来的瞬间就开始了互联网生活的序曲。他们睡眼惺忪地抓起床头柜上的手机，习惯性地翻阅邮箱、查看聊天软件 WhatsApp 上的消息，或者追踪最新的社交媒体动态。

有人打开英国广播公司（BBC）或美国有线电视新闻网（CNN）等新闻应用程序（App），了解昨夜发生的大小事情；有人一时兴起点开多邻国（Duolingo），这款时髦的、富有趣味性的语言学习平台声称：只要用户愿意付出足够的精力，便能轻松掌握流利的口语；有人一打开查询天气的应用程序，不同气象服务提供商便竞相把气象数据传送至手机；有人可能还在赖床，手里却快速地拖动着视频软件 YouTube 的进度条。

但也可能比这更早——越来越多的人在醒来之前就已经拉开了互联网生活的序幕。物联网（IoT）行业蓬勃发展，涵盖了各类互联网连接设备。无论是清晨的闹钟还是逐渐变亮的智能灯，这些成功接入互联网的设备通过模拟大自然的方式，帮助用户轻松进入新的一天。

无论是哪个情境，有一点是确定的：对于本书的绝大多数读者来说，每天的互联网生活在清晨就拉开了序幕。但是我的父母是例外。他们坚守传统模式，仍然喜欢使用传统的、非智能的“笨手机”。

太阳东升西落，恪守永恒的规律，唤醒一个接一个国度，而互联网的故事也在永不停息地重演。

在人类进入梦乡后，互联网依然持续运行不休。这个不断更新、不断扩展的庞大系统，时时刻刻都保持着活跃。这种情况其实很正常，尤其考虑到互联网是一个快速扩张的社区，全球注册用户已达 50 亿之多，更不用说还有成千上万的机器人和人工智能，以及每天不断涌入的新用户。

这正是互联网的吸引力所在。当前，互联网上有大约 20 亿个网站，而且这一数字还在不断增长，犹如地图上不断扩张的新海岸，这有利于普通网民尽情地探索。这些网站持续涌现新内容：抖音海外版（TikTok）每天更新数百万个新视频，YouTube 每分钟上传数百小时的新素材。

推特（Tweet）上的推文、脸书（Facebook）上的帖子、照片墙（Instagram）上的限时动态层出不穷，各种论坛、子论坛（subreddits）[①]、评论区的新回复源源不断。总有新的谷歌（Google）搜索要进行，总有新的维基百科页面要阅读，总有新的途径获取信息。

我们永远有未读的新邮件——据估计，全球每天会发送出大约 3000 亿封邮件；永远有未回复的新聊天消息；永远有让人目不暇接的小宝宝照片和表情包；永远有待发送及待接收的新贺词和慰问。

难怪互联网让人成瘾。我们的多巴胺受体不断被激活：有学不完的新事物，有追不玩的新体验，每个头像、每篇帖子和每次右滑点击，都意味着可以结识一个新朋友。互联网永无止境。

60% 的英国人表示，他们已经无法想象没有互联网的日常生活，尼日利亚、瑞典和巴西的比例与此相当。而美国人则相对不受影响，只有 45% 的人表示无法想象不联网的生活。

本书将回顾互联网引领我们到达当前状态的历程，并讲述虚拟网络技术的演变——通过听觉和视觉的方式，例如响亮的提示声和醒目的红色通知图标，这种技术将各种信息传达至我们的耳朵和眼球。此外，本书还将深入探讨互联网的历史，以及我们通过互联网所获取的一切体验。

---

① 指红迪网（Reddit）上特定主题或兴趣的讨论区，用户可以在其中分享信息、提问、发表评论等（后文详述）。

本书描述的故事或许亦新亦旧。庞大的互联网不断蓬勃发展，在深入探索的过程中，我们多半会拾获新的智慧，就好像我们可能会在脸书上再次看到一些传播许久却不失妙趣的老掉牙表情包。

但是，挂一漏万总是难免的。一本区区数百页的书要承载整个互联网的历史，每一处落笔都力求简明扼要，也总会有一些地方不得不略过。

截至 2023 年初，维基百科的英文总词数达到 4 349 234 241 个词。然而，本书的英文词数只有 5.5 万个（中文版大约 13 万字），大约相当于维基百科英文总字数的十万分之一。即使在 2002 年维基百科诞生还不到一年的时候（后文详述），其英文总词数也已达到本书的约 100 倍。

本书试图为永无止境、蔓延无边的数字信息堆砌出一种结构或形态，这个任务可能看起来有点像“放猫”，即难以掌握或管理，就像互联网本身也常常表现出难以控制的特点。尽管有挑战，本书仍希望为互联网世界带来一些秩序和清晰度，并提供可靠的事实信息。

本书将尽可能详细地概括关于互联网的信息，包括它的定义、起源、未来发展方向，以及对人们的影响，希望为读者呈现一部经过精心策划和深思熟虑的互联网历史。通过将互联网的历史切分成小块，就像将庞大的信息分成基本的字节单位一样，读者不会感到过于复杂或难以理解。

第一章

互联网的诞生

约瑟夫·利克莱德的梦想

当前在万维网（World Wide Web）上，全球网站数量已经超过20亿个，每秒钟可以涌现成千上万条资讯。用户徜徉其中，就如同在陌生而广袤的世界里游走，一切都要依赖类似于全球定位系统（GPS）和卫星导航系统的导航工具。但在互联网诞生之初，情况要简单许多。

1969年，互联网诞生，开辟了一个未知的新世界。在这个时期，理解和使用互联网相对比较容易，无须借助复杂的导航工具，就像航海水手只需要熟知指南针的四个方向。的确，如今庞大且复杂的互联网，在早期阶段只有四个可能的目的地。

21世纪，位于美国南加利福尼亚及其周边的科技巨头塑造了全球用户的在线生活；巧合的是，1969年早期互联网的四个节点，也深深扎根于美国西海岸及其附近地区。

这四个节点分布在指南针的四个方向上，北方是斯坦福研究院（SRI），坐落于加利福尼亚州门洛帕克；向东行驶约750英里（约1200千米），便是犹他大学；南方矗立着加利福尼亚大学洛杉矶分校；最西端即是加利福尼亚大学圣芭芭拉分校，距离加利福尼亚大学洛杉矶分校不到 100 英里（约 160 千米）。

每个节点都拥有一台大型计算机。在互联网的早期阶段，用户访问网站的方式与现在完全不同。我们熟悉的万维网的概念直到 1989 年才出现，这意味着今天常见的网页在当时还没出现。所以在此之前，互联网还使用“网络节点”[①] 的方式进行连接，而这些节点通常就是计算机。四所大学机构的计算机学者们热切希望将这四个点连接在一起，以便进行网络通信并共享信息。

早在互联网诞生之前，计算机就已经存在并发展了几十年。“二战”期间的紧迫需求推动了计算机的发展。当时，军方希望利用计算机解密敌方消息和计算复杂方程，从而确定新型炸弹的引爆时间、地点及方式，为战争和军事行动提供支持。但是计算机通常位于高度保密的环境中，多数是在财力雄厚的大学机构内，所有访问都受到严格监控。

“二战”结束后，理想主义的情感进一步推动了互联网的发展。1962 年 8 月，麻省理工学院的研究员约瑟夫 · 利克莱德（J. C. R. Licklider）首次提出了“银河网络”（Galactic Network）的理念，即全世界的计算机用户将能够访问存储在全球不同地方、不同计算机上的不同信息。利克莱德在备忘录里陆续勾勒出来的梦想，最终成为推动互联网发展的原动力。如今，互联网已经为大众熟知，渗透到我们生活的方方面面，让人又爱又恨。

---

① 指在计算机网络中，用于接收、发送、转发或处理数据的设备或系统。——译者注（本书注释如无特别说明，均为译者注）

阿帕网：互联网的军事基因

两个月后即1962年10月，利克莱德成为美国国防高级研究计划局（DARPA）计算机研究项目的首位负责人。

“利克莱德的思想体系不同于大多数人。”另一位参与阿帕网（ARPANET）项目的计算机科学家伦纳德·克兰罗克（Leonard Kleinrock）如是说。克兰罗克是入选互联网名人堂[①]的成员，年近90岁高龄的他依旧健谈且有活力，向我述说互联网初期的往事。他在互联网史上留下了浓墨重彩的一笔，曾在20世纪60年代初期提出采用数学里的排队论（queuing theory），通过模拟交通拥堵和排队的情景来协调网络中的数据流，实现不同计算机之间的数据传输，这一做法至今仍是非常关键的应用。

克兰罗克认为利克莱德提供资助的方式很朴素。“他的资助总是以鼓励创新和激发创造力为出发点。”克兰罗克说道。利克莱德会将丰厚的资金授予研究者，扶植他们去追求目标，从不多加追问。据克兰罗克回忆，利克莱德曾激励他和众人说：“要敢

① 互联网名人堂创立于2012年，它主要表彰对互联网的发展做出伟大贡献的人物。

于上九天揽月。好好利用这笔可观的资金，去实现那些原本难以企及的目标，成就一些伟大而充满意义的壮举。”他的资助没有任何附加条件。

克兰罗克表示，正是这种不设限制的资金支持，方才让互联网在概念阶段初期就得以茁壮成长。利克莱德在全国设立了卓越中心并鼎力扶持，这些中心专精不同的科学领域，将成果汇集成国防部需要的技术池。

但这一切又谈何容易。跨大学计算机部门共享专业知识和算力的想法，在当时简直闻所未闻。每所大学都非常强调保护自己的专业知识，不愿意与其他大学分享或合作，对整合资源的想法也持谨慎态度。在某种程度上，这是因为通过计算机联网共享资源是一个全新的概念，无先例可循。但是利克莱德成功地说服了全国各地的大学研究人员参与其中，当然，有人或许会说，他动用了一些强硬手段。

大学里的计算机

早期的计算机通常位于大学校园内，它们的体积相当庞大，需要整个房间的空间才容纳得下。对于致力于解决物理学等基于数学的领域的关键问题的学生来说，这些计算机是极为宝贵的资源。它们能够以程序化的方式计算复杂的方程，而且这方面能力远远超越人类，特别是那些高度熟练却相对低薪的女性“人肉计算机”，也就是负责计算工作的女性。“计算机”这一设备名字，正是借鉴这个女性职业而产生的。

问题的关键是，这些巨型计算机操作起来异常烦琐，还容易出现故障。而且，它们造价昂贵，结构十分复杂。有时候，学校并不想让学生们随意使用计算机或是摆弄它们的内部结构，但学生对计算机的访问需求相当旺盛。因此，大学的计算机部门开始尝试将用户与计算机分离，以减少矛盾。

与如今的计算机设备相比，大小占据整个房间的早期计算机拥有的计算能力微不足道。它们一次只能运行一个程序，而且无法进行交互操作。那时候，计算机操作员犹如高级祭司，需要将事先准备好的打孔卡（punch card）[①]输入设备。每个打孔卡上的孔洞可以为计算机提供指令。如果打孔卡上任何一个孔洞的位置有误，计算机程序就可能出错，但是操作员不会立刻收到来自程序的任何输出或结果。可能在很长一段时间之后——通常是在计算机处理完打孔卡之后，操作员才会知道程序出错。

这种方法并非长久之计。随着技术不断演进，用户能够直接连接到计算机，共享计算机的使用时间了。如此一来，用户就可以获得实时访问的体验，不再需要类似高级祭司的操作员充当用户与计算机之间的中介了。

大学采取的办法是在校内安装终端。虽然显示器与键盘这些终端和核心的巨型计算机相隔甚远，但是用户可以在终端上输入命令，然后等待计算机准备好进行传输和计算。

当然，除此之外，还有另一种不同的连接方法：由利克莱德提出的方法，他通过阿帕网将其付诸实践。

① 打孔卡又称穿孔卡、霍列瑞斯式卡（Herman Hollerith）或IBM卡，是一块纸板，在事先确定的位置上利用打洞或不打洞来表示数字信息。

第一条互联网消息

加利福尼亚大学洛杉矶分校的工程系位于博尔特厅 3420 室，这个房间的墙壁被刷成一种难看的绿色，但就是这样一个不起眼的空间，最终见证了改变世界的时刻。那是在 1969 年 10 月 29 日，一个由美国国防高级研究计划局批准的项目从蓝图照进现实。该项目旨在构建一个四节点网络，将四所大学机构的计算机连接在一起。考虑到该项目在 1968 年就拥有高达 563 000 美元的初期预算——按今天的标准可以折算为 460 万美元，所以确保项目的顺利推进显得尤为重要。

查理·克莱恩（Charlie Kline）是加利福尼亚大学洛杉矶分校的一名学生，师从克兰罗克教授。当时，克莱恩就坐在 3420 室里，面前是一台连接到阿帕网的计算机终端。这听起来似乎很激动人心，但实际情况却很平静：加利福尼亚大学洛杉矶分校的计算机，成功地与斯坦福研究院另一台由初级工程师比尔·杜瓦尔（Bill Duvall）操作的计算机连接在了一起。

要将信息从一台计算机发送到西北方向 350 英里之外的另一台计算机，加利福尼亚大学洛杉矶分校和斯坦福研究院都不确定这个计划是否能够成功执行。所以，他们在克莱恩和杜瓦尔之间建立了一条电话线路，以确保即使计算机出现问题，仍然有应对突发情况并挽救实验的机会。

果然，这条电话线路很快就派上了用场。身处加利福尼亚大学洛杉矶分校的克莱恩在键盘上敲下字母键 L 和 O，也就是“登录”（login）一词的前两个字母。原本，这个指令应当可以让他登录到斯坦福研究院的计算机，但是还没等他敲出字母 G，加利福尼亚大学洛杉矶分校的计算机系统就崩溃了。

在加利福尼亚大学洛杉矶分校的计算机旁边，摆着一本用于记录一切设备状况的横线笔记本。根据上面的记录，1969 年 10 月 29 日晚上 10 点 30 分成功发送的第一条互联网消息就是“Lo”。

“一切就和‘真没想到’（lo and behold）这个短语一样。”克莱恩说道。这条消息虽然源自一次失败，却成为意外之喜。“我们也想不出其他比‘lo’更有力、更简洁、更具预见性的消息了。”

记录着第一条互联网消息的笔记本上，还写着这样一行字：“连接斯坦福研究院，主机对主机（talked to SRI host to host）。”根据克兰罗克的说法，这本笔记本是从科学数据系统公司偷来的。这条简单的消息就是一个概念验证，尽管发送过程中发生了系统崩溃，但它的确建立了不同站点之间的通信，还开创了一种全新的通信规范。而且，这一事件距离人类首次登月仅仅过去七周，足以表明那个时代是多么具有革命性。

当时，克兰罗克及其同事还没有充分意识到这件事情的重要性。但是，他们隐隐约约知道，这次技术论证揭示了一些新的可能性。为了纪念这一时刻，加利福尼亚大学洛杉矶分校发布了一份新闻稿，向公众介绍那个 10 月晚上发生的事情。在新闻稿中，克兰罗克这样说道：

> 目前，计算机网络仍然处于萌芽期。然而随着它的不断成长和日臻完善，我们或将见证“计算机公用事业”的蓬勃兴起，一如当今的电力和电话公用事业，将服务扩展至全国各地的个人住宅和办公室。

互联网就这样诞生了。新生事物的发展总是势不可当。1969 年 10 月，加利福尼亚大学洛杉矶分校和斯坦福研究院建立了第一个连接。同年 12 月，四个大学的节点已经全部完成连接。到了 1971 年，节点数量增加到 15 个。不过，这些节点主要分布在美国的东西两岸，中间地带几乎一片空白。因此，当时美国中部地区要接入新兴的互联网可谓相当困难。

时局仍在迅速推进。1973 年 6 月，位于奥斯陆附近的挪威地震数据收集机构挪威地震研究中心（NORSAR）已经与阿帕网实现了连接。次月，位于英国的伦敦大学学院的一台计算机也通过 NORSAR 与阿帕网相连。但不久后，横跨大西洋的卫星连接将会取代这一切。

互联网的扩展

随后，互联网开始扩张，各个独立的网络逐渐相互连通。可以将其比作蜘蛛织网的过程：一开始，只看到一根丝线连接点与点，接着是不同的丝线纵横交错，最后形成了一张网。NORSAR 是互联网通往欧洲的门户，自此，各个网络开始蓬勃发展。

电子邮件的发明者雷·汤姆林森（Ray Tomlinson）是早期互联网通信的先驱，他成功解决了这项新技术无法有效通信的问题。1971 年，汤姆林森将灵感化为现实，发明了电子邮件。在此之前，阿帕网的用户如果要给其他用户留言，只能通过其正在使用的计算机——更确切地说，是通过接口信息处理机（IMP）。一个著名的历史趣闻是：成功发送第一条互联网消息“Lo”的接口信息处理机运行了 7792 小时才被替换。使用不同接口信息处理机的用户可能无法进行有效沟通。随着阿帕网的规模不断扩大，这个问题越发不容忽视。当时，美国大约有 50 台计算机互相连通，每台计算机最多支持 50 名用户操作，用户其实很难与其他 1000 多个用户中的某个人进行通信。

和大多数人一样，毕业于麻省理工学院的汤姆林森也发现了这个问题，但不同的是，他把这个问题当成一个挑战，并提出了解决方案：用户只需输入指令，引导接口信息处理机将消息传送至另一台接口信息处理机。具体来说，收件人只需要输入用户名及其所用计算机的名称，二者之间用 @ 符号分隔（之所以选择 @ 符号，是因为当时人们普遍认为它不太可能出现在个人的姓名中）。这个解决方案带来了巨大的影响，然而，如果不是当时的美国国防高级研究计划局主任史蒂芬·卢卡西克（Stephen Lukasik）积极倡导，电子邮件可能不会如此广泛普及。卢卡西克鼓励员工使用这种新兴工具与他联系，员工们也积极响应，很快，卢卡西克的邮箱就涌入了堆积如山的邮件。1976 年，美国国防高级研究计划局一项研究揭示，整个阿帕网 75% 的数据流量源自电子邮件。

在一定程度上，这要归功于另一项齐头并进的创新——讨论组。1975 年，美国国防高级研究计划局经理史蒂夫·沃克（Steve Walker）提出了讨论组的概念，随后得到了一小部分用户的积极响应。

1974 年，“互联网”（Internet）一词首度被用来描述这一网络体系。这个术语由斯坦福大学的计算机科学家温顿·瑟夫（Vint Cerf）创造，尽管一开始他在论文《分组网络互通协议》（*A Protocol for Packet Network Intercommunication*）里使用的是“互联网络”（internetwork）这个更长的词语。20 世纪 70 年代，越来越多致力于前沿研究的大学纷纷加入互联网的浪潮。1976 年 3 月 26 日，在彼得·柯斯坦（Peter Kirstein）的帮助下，英国女王伊丽莎白二世在英格兰马尔文的英国皇家信号和雷达研究院发送了第一封邮件。当时女王使用的用户名是 HME2，即“女王陛下伊丽莎白二世”（Her Majesty Elizabeth Ⅱ）的首字母缩写。值得一提的是，英国在 1973 年建立了阿帕网首个节点，柯斯坦是背后的重要推动者。

尽管获得了女王的支持，但当时的互联网还没有进入全盛时期。直到 20 世纪 80 年代，互联网才迎来了爆发性增长，而这一发展则要归功于美国国家科学基金会（NSF）的资助。它创建了计算机科学网络（CSNET），使得规模较小、经费有限的大学也能够连接到阿帕网。计算机科学网络于 1981 年启用，计划在 5 年内实现自给自足——它的确做到了。截至 1984 年，超过 180 个大学院系加入了计算机科学网络。显然，这是出于成本的考虑。阿帕网每年需要至少 10 万美元的设备安装和维护费用，而美国约有 90% 的大学计算机科学系无法负担这一开支。但是，接入计算机科学网络的费用仅为阿帕网的五分之一左右。在一定程度上，这是因为计算机科学网络更加注重电子邮件交流，因此其成本更加经济。

就这样，互联网的性质逐渐从军事偏向了学术。但与此同时，为确保更加安全的用户通信并远离学术界的窥探，军方在互联网中建立了自己专属领域——美国军用网络（MILNET）。当时，美国拥有 113 个阿帕网节点，其中有 68 个被并入了美国军用网络，非军方人士无法访问这些节点。

后起之秀：国家科学基金会网络

由于计算机科学网络的成功，人们开始思考如何让学术界平等地访问互联网，以及如何将互联网扩展到更广泛的领域。1985年，美国国家科学基金会建造了一系列“超级计算机”（高性能、配置高端的计算机）。为了确保全国各地的科学家能够利用它们的计算能力，他们将这些超级计算机连接到互联网上。美国国家科学基金会的“超级计算机”拥有惊人的传输速度和接收速度，可以达到56 000 bps（比特率）或者说56 k（每秒千字节）。十多年后，这个速度成为拨号调制解调器的标准互联网连接速度。

1986年，国家科学基金会网络（NSFNET）诞生，它相当于美国国家科学基金会版本的阿帕网。国家科学基金会网络采用了TCP/IP协议（网络通信协议），允许主机与主机之间的数据往来，这一协议也于1983年1月1日被阿帕网采纳为标准。TCP/IP协议由美国国防高级研究计划局的温顿·瑟夫和鲍勃·卡恩（Bob Kahn）发明，协议背后的科学原理发表在1974年12月的一篇学术论文中。在TCP/IP协议被采用之前，全球范围内运行的不同计算机网络之间是无法相互通信的。举例来说，在1983年之前，没有加入阿帕网的用户无法与阿帕网上的计算机通信。我们不妨将TCP/IP协议视为一种通用语言——类似计算机领域的英语，世界各地的用户都可以相对流利地使用，就像乌尔都人和法国人可以使用英语进行清晰的沟通。

TCP/IP协议的重要性不言而喻。后来，创建阿帕网第一台接口信息处理机的弗兰克·哈特（Frank Heart）将TCP/IP协议之前的互联网比喻为一条已经建成但未通车的高速公路。

1977年11月22日，一场极不寻常的互联网测试在一辆灰色厢式货车内进行。这辆货车行进在旧金山和圣何塞之间的道路上，车内没有运载包裹，而是搭载了一台计算机。这台计算机将数据编码成无线电波并通过车顶的天线发送出去。位于山顶的中继器沿着道路延伸，协助将无线电波传送至加利福尼亚州的门洛帕克。随后，这些无线电波被转化为电信号，快速地穿越美国，跨越大西洋，最终抵达英国康沃尔的贡希里地球站。

在贡希里地球站，这些电信号经由卫星接收器发送到太空并反射到轨道卫星上，然后再次传回位于美国西弗吉尼亚州的埃塔姆地面接收站，最终通过铜电缆向西返回距起始点仅400英里（约644千米）的加利福尼亚州玛丽安德尔湾。

数据以分散的数据包的形式穿越了全球各种不同的网络，但最终仍可以在加利福尼亚重新组合成完整的数据。这个具有互操作性的系统非常有效，测试也取得了成功。

国家科学基金会网络与阿帕网可以互相协同运行，但它们之间存在一个重要区别：国家科学基金会网络允许不同类型的组织接入互联网，而不仅仅是大学。不过，与阿帕网一样，国家科学基金会网络的建设成本不菲。经济学家的分析指出，美国政府总计投入了约 1.6 亿美元，用于建设国家科学基金会网络以及一系列宛如河流支流一样的区域网络。此外，大学和州政府在互联网的发展过程中也投入了大约 16 亿美元。

但相对而言，所有这些资金投入都收效甚微。在 20 世纪 80 年代后半叶，连接到互联网的计算机仅有 2000 台。但是连接互联网的趋势不再局限于美国，还扩展到了其他国家。1989 年，超过 25 个国家的大学和机构都已连接到了互联网，与此同时，互联网的接入也从最初的大学和商业机构扩展到了普通民众。例如在 1988 年，惠多网（FidoNET）的公告板系统（BBS）[①] 网络通过将网络新闻组（Usenet）的内容转发到自己的网络上，让普通公众也能够连接到互联网。

① BBS 在国内一般称作网络论坛，早期的 BBS 与一般街头和校园内的公告板性质相同，只不过是通过电脑来传播或获得消息而已。

告别阿帕网

1990 年，互联网发生了历史上的一次重大变革。自 1969 年 10 月第一条互联网消息“Lo”从一台计算机发送到另外一台计算机的那一天起，阿帕网一直是互联网的中坚力量。然而进入 20 世纪 90 年代，阿帕网已不再适应新的需求。1990 年上半年，阿帕网逐渐停用，国家科学基金会网络取而代之。为了纪念一个时代的结束，温顿·瑟夫为阿帕网写了一首诗：

当初领风骚，今夕卸峥嵘。
别泪悲情，岁月情长胜千重。
尔功成身退，吾泪湿双眼，
轻卸包袱，愿君与宁静长眠。

国家科学基金会网络原本计划取代阿帕网这种半军事性质的网络，但它的存在时间其实也不长。1993 年，国家科学基金会网络的运营公司认为它已经失去了成本优势，于是开放了一扇大门，允许许多私人供应商自行运营骨干网络。尽管当时这一决策引发了不少争议，但它最终导致了覆盖全球的庞大电缆网络的建立，实现了无数人的互联互通。最初，只有五家实力雄厚的企业参与了运营，随后更多企业纷纷加入，然而由于合并和高昂的基础设施建设成本，后来仅剩下大约六家运营企业。国家科学基金网络于 1995 年 4 月 30 日正式停用。

自由市场发挥了主导作用。此时此刻，我们有必要认真思考互联网的运行机制。

互联网的运作原理

英语中的“互联网”（internet）一词由“互连”（interconnected）和“网络”（network）组合而成。所有连接到互联网的计算机、网站、服务器或设备，都拥有至少一个互联网协议地址（即IP地址），用于标识其位置。这相当于纬度和经度，用于确定用户在互联网中的位置。然而，IP地址并不直观，在浏览器中输入212.58.233.254比输入bbc.co.uk要复杂得多，也更不容易记住；加上所谓的动态IP地址让用户在互联网上的位置不断变化，进而增加了将用户定位到具体IP地址的难度。因此，我们在互联网架构中引入了一个便于用户操作的组件，称为域名系统（DNS）。

域名系统的诞生可以追溯到1983年，它由加州南加州大学的两位研究员保罗·莫卡派乔斯（Paul Mockapetris）和乔恩·波斯特尔（Jon Postel）发明。它类似于数字版的电话簿，可以帮助用户在不断发展的互联网上轻松追踪特定的网站、服务器或资源。然而，在域名系统问世之前，互联网“电话簿”实际上已经存在。在阿帕网时代，负责监管网络的人员就维护着一份名为hosts.txt的文件，其中记录了简单明了的重要网络节点地址。

每台连接到网络的设备都在本地存储了这份文件，但工作人员必须定期手动对其进行更新。随着用户数量不断增加，文件的更新工作变得越来越烦琐和耗时。因此，莫卡派乔斯和波斯特尔提出了域名系统的概念。域名系统可以将用户访问特定互联网位置的纯文本请求转换为计算机可以理解的请求。

时至今日，域名系统仍然不断更新，构建了一个分布式系统。全球各地的多个域名系统服务器相互协同，可以迅速进行地址转换。此外值得一提的是，波斯特尔还在 1986 年提出了顶级域名（TLD）的概念，如 .com、.co.uk、.edu 等。但遗憾的是，波斯特尔在 1998 年去世，年仅 55 岁。一时之间，部分参与互联网运营的人员忧心忡忡：由于波斯特尔还有太多关于互联网运作原理的秘密未公之于世，他的离世可能会对互联网的稳定性产生潜在影响。

从一个由人工手动维护的单一域名数据库，转向自动化、分布式的域名数据库，这实际上是互联网基础设施演进的缩影。然而，随着互联网的迅猛增长，域名系统的维护越来越具有挑战性，但令人惊讶的是，域名系统在这一演进过程中表现出惊人的稳定性，几乎没有出现重大问题。

我们对万维网的兴趣持续扩大，而万维网的应用范围也不断扩展，涵盖了应用程序、流媒体服务和云端文件存储等领域。与此同时，互联网的基础设施也在不断扩张和壮大。但是当追溯网络的发展历程时，我们不难发现其中的变化。最初，互联网是一个自由竞争的环境，其中以美国本土和个人创建的网站为主导。然而随着时间的推移，少数大型提供商掌握了垂直整合的网络界面，也就是将多个功能集成在一个平台上的界面。在这个演进过程中，通过铜电缆和连接传输的互联网数据，逐渐集中到了极少数的网站和平台上（后文详述）。

根据桑德怀恩公司（Sandvine）[①]的分析，全球互联网48%的流量由六家大型科技公司掌握，它们分别是网飞（Netflix）、微软（Microsoft）、苹果（Apple）、亚马逊（Amazon）、脸书（现更名为Meta）及谷歌母公司Alphabet。尽管这一比例在2022年下降了9%，但这依然表明，我们生活中的大部分内容以及构成这些内容的数据集中在少数几家公司手中，这一事实引起了人们的担忧。

在线视频：从梦想到现实

早期互联网探索者曾梦想视频可以即时传输至全球，但当时，这还只是一个美好而遥不可及的梦。如今，这个梦想已经成为现实：互联网数据传输中，三分之二的内容是视频。网飞和YouTube的视频流量占据了整体视频流量的约四分之一，而抖音尽管经历了快速增长，其视频类互联网流量仅占总体流量的3.5%左右。

① 一家总部位于加拿大的网络设备和技术公司，专注于提供网络智能解决方案，帮助客户管理和优化其网络流量。

互联网协议第六版

尽管很少有人深入探讨互联网背后的基础设施，但到 20 世纪 90 年代末，改进互联网某些关键运作要素已变得十分迫切。显然，互联网的增长速度迅猛，人们开始担心它最终可能会超出最初设计的极限。

IP 地址主要分为两个版本，即第四版和第六版，而非第一版和第二版。

互联网协议第四版（IPv4）使用 32 位二进制的地址来定位互联网上的每个服务器和网站。这些地址通常以数字表示，就像前述 bbc.co.uk 的数字网址。32 位二进制能够组合成的唯一 IP 地址数量最多是 43 亿个，尽管这个数量并不算少，但在 20 世纪 90 年代，随着互联网的发展，人们开始担心未来也许不再有可用的 IP 地址分配给新设备或新网站。此外，高效运行系统也成为彻底进行技术革新的另一个重要促成因素。

因此，负责监管互联网标准的国际互联网工程任务组（Internet Engineering Task Force）着手开发了 IP 地址的新版本。互联网协议第六版（IPv6）于 1998 年首次发布，将 32 位二进制的地址系统扩展为 128 位二进制的地址系统。然而由于多种原因，IPv4 仍然在互联网上占主导地位。虽然目前我们主要使用 IPv4，但是升级到 IPv6 意味着 IP 地址的最大数量也相应地从 43 亿个增加到 340 万亿万亿万亿（即 2 的 128 次幂）——请注意，这里不是我写错了。相反，这个天文数字意味着互联网不会因为 IP 地址不够分配而停止运行，我们可以继续享受互联网带来的便利。

海底电缆

尽管互联网是一项改变世界的前沿技术，但其背后的基础设施似乎相当传统。用户每天通过设备接收的大部分数据，都是通过纵横交错、覆盖全球的海底电缆传输的。

在全球范围内，海底电缆的数量达到 529 条，它们日复一日地向世界各地传送数据。其中，连接英国与欧洲、美国及加拿大等地的海底电缆就有数十条，都由大型互联网基础设施公司负责运营。然而一旦出现故障，无论是发生火山爆发、渔船起锚挂住电缆，还是蓄意破坏事件，海底电缆的修复工作都可能耗费数百万美元。一方面，保持海底电缆正常运行的成本不菲；另一方面，为了确保全球在线互联而接入新的海底电缆，也少不了巨额资金。仅在 2020 年，在一系列公私合作伙伴的共同推动下，新海底电缆系统的基础设施投资就超过了 27 亿美元。

2Africa 海底电缆是全球最大的全新网络工程，总长逾 45 000 千米，横跨亚洲、欧洲和非洲，与欧洲的马赛港口相连，堪称工程奇迹。它围绕整个非洲大陆，延伸至欧洲、亚洲和中东，总长度甚至超过地球的周长。预计这一工程于 2024 年竣工后，全球有

33 个国家将能够更快地实现无缝互联。这条电缆每秒可传输 180 Tb（太比特）的数据，相当于瞬间下载 7500 部网飞高清电影。项目的领导机构是社交媒体公司 Meta，但也包括了英国电信企业沃达丰（Vodafone）、法国电信巨头奥兰治（Orange）及中国移动（China Mobile）等互联网服务提供商。社交媒体和大型科技公司的发展，导致了数据传输需求的激增。这些公司需要更多的带宽来满足这一需求，所以它们通常自行投资或承担基础设施建设的费用。其中，谷歌、脸书、亚马逊和微软等内容提供商就租赁或拥有全球一半以上的海底通信带宽，以满足其数据传输需求。

这是一项造价极高的工程。总的来说，2Africa 项目预计将耗资 10 亿美元。

也许对于一个直径约 1 英寸（约 2.54 厘米）、与普通花园水管相似（甚至可能被误认为是水管）的电缆而言，这一费用过分高昂了。但实际上，它堪称工程奇迹：电缆的最外部覆盖着一层塑料，其内是铜管网，铜管外层包裹着钢丝，这些钢丝上则缠绕着各种光纤——光纤由细玻璃管制成，光线通过其中，就可以传输数据。这些电缆延伸数英里，连接不同的大陆。

但是，信号并不会连续不断地传输。互联网连接的核心光纤电缆内含有杂质，这阻碍了光线的无限传输，因此每隔一段时间就需要通过中继器增强信号。这些中继器通常间隔约 50 英里（约 80 千米）；不过，2Africa 电缆上的 730 个中继器的间隔约为 61 千米即 38 英里。它们会与光纤连接并放大信号，然后重新传输信号。如果没有这种增强，随着信号强度下降，数据的某些部分将会丢失。

当数据信号完成了横跨大洋的旅程并抵达陆地，接着便会被传送到遍布全国的陆地电缆网络中。虽然陆地电缆与海底电缆非常相似，但陆地电缆面临一个复杂难题：如何确定最佳铺设位置？陆地的空间很有限，因此，企业通常会选择沿着天然气管道或电力电缆等已有的基础设施铺设大型电缆。绝大多数电缆沿着主要公路或铁路铺设——它们为关键基础设施的安全运行提供了可复用、便捷且不间断的路径。

当大型光纤电缆进入主要城市时，它们通常会分支出不同的连接方式。一种是称为“光纤到户”的连接方式，也就是将光纤电缆直接延伸到个人住宅，不过通常规模较小。尽管一些互联网服务提供商可能在自己的系统内使用铜电缆，但由于这种连接方式继续沿用了光纤电缆的高速特性，所以它还是能够提供超快的互联网连接速度；另一种常见的连接方式是“光纤到机柜”，即光纤电缆延伸到住宅区附近的电话机柜，然后从光纤切换到铜电缆，以传送互联网信号到居民家中，这是 20 世纪 90 年代和 21 世纪初更流行的老式互联网连接方式。

互联网连接方式

如今，大多数人几乎无须手动“连接”到互联网。几乎所有的互联网连接都是始终在线、速度相当快的宽带连接——然而，从互联网漫长的历史来看，这是一个相对较新的发展。曾经有过一段时期，用户必须手动进行连接，忍受沙沙作响的拨号音和一系列尖锐的音调，等待计算机通过电话线与互联网连接。上了年纪的读者可能会对这段描述产生怀旧的情感；年轻的读者可能很难理解，那不妨问问父母辈。

过去，互联网的连接离不开计算机的内置调制解调器。调制解调器是一种计算机硬件，其作用是将由数据产生的数字二进制信号（0或1，具体取决于电路开关状态，1代表开启，0代表关闭）转化或调制成模拟音调信号，以便通过电话线传输信号。英语的“调制解调器”（modem）一词由“调制器-解调器”（modulator-demodulator）这两个单词组合而成，恰如其分地描述了这一工具的功能。

调制解调器的历史可追溯至20世纪20年代，它曾广泛用于“二战”和冷战时期，以快速地将雷达图像从一个地点传送至另一地点。

当时，调制解调器还没有连接到计算机，没有涉及数字二进制编码，而是将信号以完全模拟的方式进行处理。然而不论是哪种方式，调制解调器的工作原理都是相同的：它们将基于计算机的信号调制为电话信号，然后在到达目标计算机时将电话信号解调为计算机可读的信号。

与互联网的发展类似，调制解调器最初被用于传输军事数据，然后逐渐扩展到更广泛的用途。20 世纪 60 年代，贝尔 103（Bell 103）调制解调器问世，这是全球首个商用调制解调器。它就像一个支架，用户可以将电话听筒放在上面，当电话接收器传来声音信号时，调制解调器能够无缝地接收并处理这些信号。这些调制解调器可以连接到早期的 BBS 并传输数据，帮助用户通过 BBS 保持联系。早期的调制解调器速度并不快，最初约为每秒 110 比特（bps），后来提高到每秒 300 bps。相比之下，在互联网早期的黄金时代，调制解调器的速度就高达 56 000 bps。

在万维网诞生之前，互联网早期的主要通信方式之一是 BBS。它的诞生与一场夺走数百人生命的暴风雪有着一定的关系。

1978 年 1 月底，一场罕见的大暴雪袭击了北美洲的五大湖、俄亥俄河流域及南安大略地区。这场大暴雪让芝加哥陷入瘫痪，美国国际商用机器公司（IBM）的程序员瓦德·克里斯滕森（Ward Christensen）因此只能滞留在家。当时，IBM 是科技界的巨头，可媲美今天的微软或苹果。在那段时间里，克里斯滕森决定不如把时间用来研究自己此前构思的一个项目：他希望创建一种数字公告板，允许用户在上面留言，而在其后登录的其他用户可以看到留言。

这一创新被命名为计算机化公告板系统（CBBS），后来也缩写为BBS。它开创了在线社区的概念，支配和影响了互联网上的公众讨论——这是第五章详述的“粉丝群”的前身。

在互联网还没有广泛普及的早期阶段，调制解调器是一种第三方外部设备，用户可以自行购买它并连接到个人电脑上。1977年，戴尔·海瑟灵顿（Dale Heatherington）和丹尼斯·海耶斯（Dennis Hayes）发明了第一台个人电脑调制解调器，型号为80-103A，这不仅让他们的业务蓬勃发展，也奠定了调制解调器产业的基础。然而，随着调制解调器的生产成本逐渐降低，互联网的普及率不断上升，从20世纪80年代中期开始，随着IBM个人电脑进入家庭和企业市场，调制解调器逐渐内置到了个人电脑中。直到20世纪90年代，随着“软件调制器”（Winmodem）[①]的发展，调制解调器的价格进一步降低，市面上已经不再出售不带集成调制解调器的计算机了。“软猫”是一种软件解决方案，它将调制解调器的部分功能从传统的硬件外包到软件中去，从而降低了生产成本。

诚然，现在人们可以通过各种设备访问互联网，而不局限于传统的台式电脑或笔记本电脑。用户不再需要将设备连接到墙上的电源插座，手动拨打连接到互联网服务提供商的电话号码，然后通过调制解调器传输用户名和密码，并且在这个过程中忍受调制解调器发出的刺耳声音。如今，互联网一直处于开启状态，而

① 俗称“软猫”（Softmodem），指使用软件代替硬件，实现某些调制解调器功能。

且可以通过路由器连接到各种设备。路由器是一种设备，可以在用户的设备和全球互联网之间建立连接。通常，这些路由器还具备无线网络（Wi-Fi）功能。Wi-Fi 功能于 20 世纪 90 年代初首次提出，并于 1997 年 9 月以“无线网络”（wireless networking）的名义向全世界发布。

计算机服务公司的诞生

我们不妨回顾一下历史。与帮助建立互联网连接的公司相比，相关硬件的发展要早得多。直到1979年，计算机服务公司（CompuServe）[①]才首次登上互联网的舞台，最初用微网（MicroNET）这个名字在无线电器材公司（Radio Shack）的商店推出服务，主要面向市场上购买相对畅销的坦迪100（Tandy Model 100）[②]计算机的用户。成立于1969年的CompuServe最初只为一些想要通过计算机处理事务的企业提供分时[③]服务，但后来逐渐发展为面向普通用户，它被认为是最早为用户提供拨号上网信息服务的公司之一。

20世纪70年代末和80年代，CompuServe因其在线聊天服务

---

① 计算机服务公司在20世纪80年代和90年代是全世界最大的在线服务提供商之一，它提供了一系列的互联网服务，包括电子邮件、新闻、天气、股票报价、社交聊天等。

② 坦迪100是1983年推出的一款便携式电脑，它同样被认为是最早的笔记本电脑之一。这款产品配有键盘和液晶显示器，重31磅（约14.1千克），单次充电的续航时间为18小时。

③ 分时指采取分时共享策略，将多台机器连接成一个共享系统，从而实现多台机器共同执行一个程序或访问一段数据。

而广受欢迎，这项服务被称为CB模拟器，因模仿市民波段（citizen band）[①]的广播方式而得名。

1989年，CompuServe扩展了服务范围，允许用户与更广泛的互联网社区进行电子邮件通信，同时还开设了大量活跃的讨论论坛。1990年9月，美国奇迹商业公司（Prodigy）推出了同类竞争服务。CompuServe仅支持文本交流，而Prodigy则为用户提供了一种互动性更强的体验——通过基本的图形界面，用户可以使用简单的图像和按钮，而不仅仅局限于早期互联网上常见的文本交流方式。

在20世纪80年代和90年代，这两个服务商成为互联网的主要入口，它们各自创建了特定的、封闭的用户社区。1994年，Prodigy首开先河，允许用户访问和浏览更广泛的互联网内容。但随着时间的发展，它们逐渐被美国在线（AOL）取而代之。美国在线是一个更加敏捷的竞争对手，在推广互联网和网络使用方面发挥了关键作用（后文详述）。

① 一种用于公共通信的无线电频率，通常用于短距离通信，如卡车司机、业余无线电爱好者等。

探索万维网的演进

正如前文所述，互联网上的数据传输在万维网问世之前已经存在了很长时间。现在的用户只需要输入统一资源定位符（URL）就能够轻松访问网站，例如，用户输入 www.google.com 就可以访问谷歌的官网。这一切看似像魔法一样简单，但背后的技术和过程其实很复杂。

使用互联网的每一步操作都离不开一系列的请求和响应，就像在玩一场大型的“马可·波罗抓人游戏”（Marco Polo）[①]。首先，用户设备（如计算机、手机或平板电脑）会通过其 IP 地址发送请求，要求访问特定的网站，类似于人们在游戏中喊出“马可”。网站在接收到用户的请求后，就会发送回信息，允许用户访问网站，类似于回应“波罗”。用户的请求通常会经过多个不同的 IP 节点，从而找到到达目标网站的最快路径。

一旦建立并确认连接，托管所需信息的服务器将开始逐个数

① 美国常见的一种泳池游戏。首先被选出的玩家需要闭上自己的眼睛，并试图抓到其他玩家。当该玩家呼喊出“马可”时，其他玩家必须高喊出“波罗”。扮演“马克”的玩家要尽量利用声音找到扮演“波罗”的玩家。

据包地向用户发送内容，无论用户是登录铁路公司网站购买车票，还是登录酒店网站查看酒店泳池图片。但是，千万不要简单地认为每家酒店（无论是大型连锁酒店还是家庭民宿）都拥有自己的服务器，随时准备向访客提供所需的数据。

如果每个网站都在其原始位置存储数据，那么用户访问网站将会十分耗时，因为其请求需要跨越全球，经过很长的传输路径才能找到所需的数据。但在某些情况下，数据不是集中存储在单一服务器上，而是由内容分发网络（CDN）[①]负责储存“本地”副本。这些内容分发网络会在全球不同地点存储相同的数据副本，包括一些可能会受到网络用户欢迎的内容，比如网飞最新流行剧集。

这个理论的核心是：当用户希望在晚间观看特定内容时，笔记本电脑或连接互联网的智能电视无须远程寻找这个内容，而是可以在更近的地方找到。这个原理在现实世界同样适用：超市通常会在本地库房储备卫生纸，方便顾客购买，而不是等到需求产生后再向工厂发出供应请求。

幸运的情况下，如果正在寻找的网站、流媒体视频或音频内容非常热门，那么用户很可能会找到本地版本。但如果这些内容相对较小众，那么用户设备发出的连接请求可能需要经过更长的传输路径才能找到合适的版本，有时甚至需要跨越海洋。

所有这些过程都在瞬间完成。无论用户是要求访问附近数据

① 一种用于加速网站内容传输的技术，通过将内容分发到多个服务器上，使用户能够从离他们最近的服务器获取所需的内容。

中心存储的网站，还是存储在其他国家的网站，时间差仅为几分之一秒。例如，如果用户居住在距离伦敦 300 英里（约 500 千米）之外的城市，查找存储在城市中心数据中心的热门网站可能只需 2~5 毫秒，相当于千分之二到千分之五秒。如果数据不在附近的数据中心，那么用户的请求会前往伦敦，这可能会增加 20 毫秒的延迟。如果数据仍然无法找到，那么用户的请求将横跨大西洋前往纽约，这可能会再增加大约 80 毫秒的延迟。偶尔，数据可能存储在美国东海岸以外的地方，那么这时用户的请求可能需要传送到旧金山，这将会再增加大约 80 毫秒的延迟。

一旦找到用户请求的文件，无论是视频、网页还是其中的某个元素（比如图片），这个文件都必须沿着相同的路径从服务器传回用户的设备，这会再次消耗相同的时间。每一步都会经过仔细的追踪。但是传回时的情况会更加复杂一点，因为返回的文件不是作为一个整体进行传输的，而是被分割成多个小数据包。这些数据包会逐个传回到用户的设备，然后在设备上重新组装成完整的文件。这个过程类似拼图：先将文件或网页分成一个个碎片，等它们到达设备后再重新拼凑完整。

如何保障网络安全：心血漏洞

2014 年，距离互联网的发明已有几十年，其商业化也已超过 20 年。世界开始认识到，用户的数字生活有多依赖于志愿者无偿奉献时间的善意。那年 3 月，谷歌的研究人员发现了一个互联网漏洞，也就是我们后来熟悉的“心血漏洞”（Heartbleed）。

在开放式安全套接层协议（OpenSSL）的 456 332 行代码中，曾经出现了一个微小的问题。OpenSSL 项目由志愿者组成的团体一起管理，负责传输层安全协议（TSL）的普遍实施。简言之，OpenSSL 是一个加密安全工具包，为谷歌邮箱（Gmail）、网飞和易集（Etsy）等不同网站提供了一种快速、简便和免费的服务，从而确保用户的数据传输安全。

大型科技公司一直以来都过度依赖一群工作繁重、酬不抵劳的志愿者，而志愿者的善意支持最终也导致了一些错误：当计算机使用 OpenSSL 协议与服务器通信时，OpenSSL 协议会要求服务器和计算机互相发送一个“心跳”信号（一个小数据包），以确认双方的通信正常运行。但是，当时 OpenSSL 协议出现了一个编码错误，因此，任何人都可以请求服务器返回一个大于预期的数据包，最多可以达到 64 k——相当于重复 44 次《葛底斯堡演说》（*Gettysburg address*）[1] 的文本量。

心血漏洞导致网站泄露了本不应该外泄的数据，每次请求时都有可能泄露多达 64 k 的信息。有些信息或许无伤大雅，但有些或许包含了用户的密码或个人资料。而据估计，全球三分之二的网站都在使用 OpenSSL，这个问题成了一个严重的安全隐患。这一问题最终由史蒂夫·马奎斯（Steve Marquess）和斯蒂芬·亨森（Stephen Henson）两位专家负责解决，他们曾负责过 OpenSSL 代码库中的核心部分。在经过了多个漫长的夜晚，承受了极大的压力之后，两位专家更新了 OpenSSL 代码，成功解决了这个问题。

由此，大型科技企业意识到这些志愿者工作的重要性，开始向 OpenSSL 基金会注入资金。这件事提醒我们，用户的数字体验是拼凑而成的，是几十年历史积淀的结晶。

---

① 美国总统林肯发表于美国南北战争期间的著名演说，也是美国历史上为人引用最多的演说。全篇约 270 个词。

万维网的发展历程

到了 20 世纪 80 年代末，互联网已经不再局限于精英大学，开始向更多的机构开放，但它仍主要服务于那些希望与其他研究人员交流或参与在线 BBS 和 Usenet 讨论的用户。

为了让互联网走出技术精英的领域，进入普通用户的生活中，我们需要开发一个简单易用的界面。而蒂姆·伯纳斯-李（Tim Berners-Lee）发明的万维网，则实现了一个直观友好的界面。

1989 年，英国研究员蒂姆·伯纳斯-李在欧洲核子研究中心（CERN）工作。这是一家总部位于瑞士的核研究实验室，举世瞩目的大型强子对撞机就坐落于此。伯纳斯-李认识到互联网具有更广泛的潜力，而不仅局限于当时由学术界主导的小范围用户群体，但更为迫切的是，他认为有一种方法可以增强研究人员之间的沟通，于是他着手构建了他最初称为“万维网”的项目。

1989 年 3 月，蒂姆·伯纳斯-李提交了一份有关信息管理的提案。这份文件详细阐述了研究人员之间信息丢失的问题，特别关注了复杂、不断演进的系统在迅速发展的过程中如何运作的问题。1990 年 5 月，他提出了第二份提案。这两份提案旨在寻求解决欧洲核子研究中心的问题，即“如何有效追踪一个如此庞大的项目”。

万维网的强行推销

1991年，美国计算机协会（ACM）超文本大会在得克萨斯州圣安东尼奥举行。蒂姆·伯纳斯-李携万维网概念出席，但与会者对此表示怀疑。温迪·霍尔教授（Wendy Hall）是与蒂姆·伯纳斯-李同时代的学者，她后来回忆道：“这个系统并不是特别高明。”霍尔教授认为它有点名过其实，而且她的怀疑并非个例：提出万维网概念的论文被大会拒之门外。尽管如此，蒂姆·伯纳斯-李仍然没有放弃，坚持演示自己的概念。

这个方案至少引起了一方的兴趣——美国斯坦福大学粒子物理实验室成为首个在欧洲核子研究中心之外启用网络服务器的地方。但是，那时候访问网站还不方便。当时的NeXT计算机可以运行功能更全面的浏览器，但这种计算机针对的是特定的教育市场，而且价格昂贵，相当于今天的16 100美元左右。然而对于无法承担NeXT计算机的高昂费用或无法通过大学使用这种计算机的用户来说，他们只能使用命令行模式下的网络浏览器，但这种浏览器的用户体验极差，因此，当时迫切需要一种替代解决方案。

蒂姆·伯纳斯－李认为，使用超文本是明智的选择。

超文本是蒂姆·伯纳斯－李非常熟悉的概念。早在 1980 年，他就开发了一个名为“探询”（Enquire）的程序，用于跟踪他参与开发的软件。在 1990 年的提案中，他形容道：“为了检索信息，用户可以通过链接从一个页面跳转至另一个，犹如第一款动作冒险游戏《冒险》（*Adventure*）[①] 中的探索。”这些链接以超文本的方式呈现，但是在当时，它仍然是一个陌生的概念。“超文本”一词由电影制片人兼计算机程序员泰德·尼尔森（Ted Nelson）在几十年前首次创造。

蒂姆·伯纳斯－李将超文本定义为“将人类可读信息自由地相互链接”。大体上讲，用户可以通过探询程序中的链接，轻松地从一个概念跳转到另一个概念，无须按照线性顺序阅读。

蒂姆·伯纳斯－李成功说服了欧洲核子研究中心的一些同事，包括比利时系统工程师罗伯特·卡里奥（Robert Cailliau）。在卡里奥的帮助下，蒂姆·伯纳斯－李于 1990 年 11 月向欧洲核子研究中心管理层提交了一份更为正式的提案。这份提案之所以引人注目，不仅因为它标志着互联网历史上的一个重要时刻，还因为它所使用的术语如今仍然广泛应用：

> 超文本是一种通过节点网络形式将各种信息链接在

① 1972 年微软出品的一款解谜型小游戏，玩家通过迷宫探险、收集道具来通关，它也是史上第一款含有彩蛋的游戏。

一起并允许用户自由浏览的方式。这种技术为访问大量不同类型的信息（如报告、笔记、数据库、计算机文档和联机帮助等）提供了统一的用户界面。这个提案包括了一个简单的计划，可以将欧洲核子研究中心现有的服务器整合在一起。

在他们二人的请求下，欧洲核子研究中心为他们提供了四名软件工程师、一名程序员，并为所有使用新系统的人提供计算机——这个新系统被他们称为“万维网”。

该项目获得了批准。告别1990年、踏入1991年之际，蒂姆·伯纳斯－李在欧洲核子研究中心安装了历史上首台网络服务器。由于这台计算机需要保持在线状态，因此他在计算机上贴了一张提示条，上面用红色墨水写着:“这台机器是服务器。请勿关闭电源！！”

历史上首个网站由蒂姆·伯纳斯－李亲自创建，并托管在欧洲核子研究中心的服务器上。该网站提供了有关万维网项目及其工作原理的信息。

马赛克：第一个普遍使用的浏览器

1992 年 12 月，程序员马克 · 安德森（Marc Andreessen）和埃里克 · 比纳（Eric Bina）已经深刻认识到，如果没有一个简便且直观的浏览器，那么万维网的潜力将永远无法充分释放。

安德森和比纳是美国国家超级计算机应用中心（NCSA）的工程师，该中心隶属于伊利诺伊大学。他们二人利用 1991 年《高性能计算法案》（High Performance Computing Act）提供给国家超级计算机应用中心的资金，设计了一个网络浏览器。该法案是由后来的副总统阿尔 · 戈尔（Al Gore）制定并通过的。尽管戈尔因声称参与互联网的发明而受到不公平的嘲笑，但如果没有这个所谓的“戈尔法案”，互联网可能不会如此迅速地普及。

他们的浏览器于 1993 年 1 月 23 日发布了测试版，取名为马赛克（Mosaic）。安德森将程序发布到互联网，并附言道：“仅基于个人的决定，特此发布 X Mosaic 的内部测试版 / 公开测试版（Alpha/Beta），版本号为 0.5。”

这种戏谑的语气掩盖了马赛克浏览器的真正影响，但实际上它为万维网的普及发挥了重要作用。马赛克浏览器操作简单，可在麦金塔（Macintosh）[①]和微软视窗（Windows）计算机上运行。当时，这些计算机的价格也在迅速下降。此外，它向万维网的热忱拥护者展示了网络的特点：与当时的其他早期浏览器不同，马赛克浏览器可以在文本旁边直接显示图像，展示了万维网的多媒体特性。

1993年底，马赛克浏览器及其发明者俨然是《纽约时报》（*New York Times*）的专题报道对象。从发布之日起，每个月有超过5000人下载马赛克浏览器，这一数字可谓惊人，尤其考虑到当时仅有大约500台已知的网络服务器。1994年，《财富》（*Fortune*）杂志将马赛克浏览器列为年度最佳产品，与之并列的是《金刚战士》（*Mighty Morphin Power Rangers*）和神奇文胸（Wonderbra）。作为科技界的权威媒体，《连线》（*WIRED*）杂志也对马赛克浏览器高度赞誉：

> 马赛克浏览器拥有迷人的外观，吸引用户把个人的彩色照片、摘引精句、视频片段等文件上传到互联网，并创建超文本链接到其他文件。通过点击链接，用户可以轻松访问链接文件，根据自己的兴趣和直觉在网络世界中自由浏览。

这篇刊登在《连线》杂志上的文章标题是《（第二阶段）革命已经启动》（“The (Second Phase of the) Revolution Has Begun”）——网络时代已经到来。

---

① 苹果公司于1984年推出的个人电脑。

1994年：万维网之年

时间来到1994年，万维网的规模仍相对较小。但没多久，它的规模便迅速扩大。

1993年7月26日，美国国会通过了《国家信息基础设施法案》(The National Information Infrastructure Act)，这项立法为万维网的发展奠定了基础。这项法律鼓励政府采取措施，让尽可能多的用户尽快接入互联网。这表明互联网和万维网受到了政府的强大支持。

1994年，两场轰动一时的大会分别在瑞士日内瓦的欧洲核子研究中心和美国举行。1994年5月25日至27日，第一届万维网国际研讨会(First International Conference on the World-Wide Web)在日内瓦召开，吸引了380名与会者。这场大会被与会者称为"互联网的伍德斯托克"[①]。同年10月，国际万维网大会(International WWW Conference)在美国召开，吸引了1300名与会者。这场会议

① 指伍德斯托克音乐节，在美国纽约州北部城镇伍德斯托克附近举行，是世界上最著名的系列性摇滚音乐节之一。

的规模更大，或许是因为美国聚集了众多精通互联网的计算机科学家。

截至 1993 年底，已知的网络服务器数量仅有 500 个，但到了 1994 年底，这一数字激增至 10 000 个，全球互联网用户大约有 1000 万人。欧洲核子研究中心的数据显示，互联网的网络流量达到了极高的水平，每秒传送的数据量相当于威廉·莎士比亚所有著作的内容。

尽管万维网的迅速增长让人兴奋不已，但其创始人也认识到，它的运行需要一定的规范和秩序。为此，蒂姆·伯纳斯－李离开欧洲核子研究中心，加入麻省理工学院，并创立了标准制定机构国际万维网联盟（W3C）。国际万维网联盟的背后原则不仅在于确立互联网的标准，还是蒂姆·伯纳斯－李努力确保万维网对所有人开放的一种尝试。成立这个联盟旨在保护互联网的未来。

国际万维网联盟的高层官员希望互联网能够为全球所有人提供平等的访问，但是，个人用户却渴望在互联网这个新领域里独树一帜，构建自己的空间。同时，一些敏锐的商业人士也迅速意识到，在如今被称为 Web 1.0 的时代，成为市场的先行者将获得巨大的盈利潜力。1994 年 2 月，作家戴夫·泰勒（Dave Taylor）着手撰写一篇关于在线商务公司数量的杂志文章。他意外地发现，当时互联网上没有一个集中的数据库，于是他自己创建了一个名为"互联网商城"（The Internet Mall）的数据库，一开始，其中包括了 34 家公司，后来规模迅速扩大。

万维网的发展路径与互联网相似。20 世纪 60 年代和 70 年代被描述为互联网的军事时代，这时互联网主要用于军事和科研目的；那么 20 世纪 80 年代，互联网的焦点逐渐转向了政府对学术界的控制，互联网开始用于教育和研究；20 世纪 90 年代，互联网迎来了资本主义、竞争和私有化的全面冲击。

第二章

以静态网页为主的 Web 1.0

美国在线的传说

万维网的真正发展离不开互联网服务提供商之间的竞争，特别是美国在线所展现出的创新思维。

美国在线的成立时间早于万维网的诞生时间，具体来说是在 1988 年。当时，昆腾计算机服务公司（Quantum Computer Services）为家用电脑康懋达 64（Commodore 64）的用户提供了一项拨号上网服务“昆腾连接”（QuantumLink）。昆腾还另外投入 500 万美元，为苹果电脑的用户开发了一款类似的产品，名为“苹果连接”（AppleLink）。然而，由于苹果公司对昆腾提出了严格的规定和要求，双方的业务关系很快变得紧张起来。

一年后，昆腾对未成功的“苹果连接”产品进行改进和扩展，使其不再局限于特定的计算机类型，并将改进后的新产品命名为“美国在线”。美国在线创建了一个封闭的互联网环境，为其用户提供了一系列功能，包括即时消息、聊天室和在线游戏等。同时，它还提供了一系列频道，用户可以通过这些频道找到与自己有共同兴趣的人，并参与相关的在线社区。1991 年，美国在线发布了适用于微软磁盘操作系统（MS-DOS）的软件版本；1992 年，美国在线的用户数量已经超过了 15 万人；同年，AOL 进行了首次公开募股（IPO），成功筹集了 6600 万美元。

不过此时，美国在线依旧落后于 CompuServe 和 Prodigy 等竞争对手。相比之下，美国在线更容易上手，安装流程简单，界面直观友好，它受欢迎的最经典的体现莫过于，华盛顿广播公司的主持人埃尔伍德·爱德华兹（Elwood Edwards）为美国在线录制了欢迎词，且仅仅接受了 100 美元的酬劳。幸运的用户在登录美国在线时可以听到爱德华兹对他们说“欢迎使用美国在线”和“您有新邮件”的提醒。尽管如此，如何让人们真正投入使用这项服务，却是一项艰巨的任务。

软盘的传奇故事

詹·布兰特（Jan Brandt）找到了解决之道。1993 年，她成为美国在线的市场副总裁，并申请了 25 万美元的预算，用于制作 20 万张预先安装了美国在线程序的软盘，免费发放给用户。她的想法是：一旦用户体验了美国在线，一定会立刻注册。

布兰特的想法得到了验证。拿到免费软盘的用户中有十分之一的人随后注册了美国在线的服务，这无疑是一场成功的营销活动。后来，软盘逐渐发展为光盘（CD），有一段时间，全球生产的光盘中一半以上都印有“美国在线”的商标。

1994 年 8 月，美国在线的用户已达 100 万。1995 年 2 月，用户数量增至 200 万。1996 年 5 月，用户数量再度飙升至 500 万。此时，CompuServe 和 Prodigy 已难以望其项背。1997 年，美国互联网用户中有一半选择了美国在线的拨号上网服务。互联网的崛起与家用电脑的普及紧密相连，因为如果没有上网的途径，就没有必要建立互联网连接。随着时间的推移，拥有电脑的家庭比例开始上升，但在万维网的早期，这个数字仍然很小。1992 年，只有 23% 的美国家庭拥有电脑。

然而，拥有电脑并不代表就可以访问互联网，许多人认为没有上网的必要：截至 1995 年，仅有 14% 的美国人使用互联网；甚至在 2000 年——正值互联网泡沫[①]的巅峰时期——仍然只有 46% 的美国人上网，不到一半的人口。

然而，很多用户至今仍然在使用美国在线服务。不知何故，即使在拨号连接已经逐渐式微的几十年后，美国在线公司仍然存在。大约有 150 万人至今每月依然支出 9.99 美元或 14.99 美元，以获取该公司提供的技术支持和身份防盗服务，这可能是因为他们在 20 世纪 90 年代签署的互联网连接合同仍在继续生效，而他们也没有选择终止。

万维网和互联网的广泛普及，让曾经长期使用互联网的老用户感到措手不及。从 1993 年 9 月开始，这些老用户开始注意到有

① 指 20 世纪 90 年代末至 21 世纪初，由于互联网技术的迅速发展和投资者对互联网公司的热情，许多互联网公司的股价迅速上涨，市场出现了一波过度繁荣。

大量新用户加入，而且很多新用户颠覆了旧有规范，无视以往用户对网络行为的不成文规则。

由于 Usenet 与多家互联网服务提供商之间达成了一项协议，因此很多新用户可以免费访问 Usenet；美国在线在 1994 年 3 月开发了一个 Usenet 的网关服务，所以它在其中起到了很大作用。这种现象与互联网在每年 9 月用户数量都会变化的情况颇为相似：新生开学后会通过校园计算机集群[①]获得互联网访问权限，而且老用户需要温和引导他们学习阿尔·戈尔提出的“信息超级高速公路”[②]的规则。

问题是，原本当学生在几周后开始正常忙于学业时，他们会减少网络使用，这时网络使用情况会恢复正常，回归由老用户主导的行为习惯。但是，美国在线完全没有发生这种情况，相反，这个问题持续存在而且贯穿整年。这也是为什么这一现象被戏称为“永恒 9 月”[③]。

在“永恒 9 月”时期接入互联网的用户并非只有普通用户。虽然英国女王伊丽莎白二世很早就使用电子邮件，但直到 1994 年 2 月 4 日，才出现了各国领导人之间的第一封电子邮件交流：时任瑞典总理卡尔·比尔特（Carl Bildt）向时任美国总统比尔·克林顿

① 由多台计算机组成的系统，这些计算机通过高速通信网络相互连接，共同完成计算任务。

② 一种电信基础设施或系统（如电视、电话或计算机网络），用于广泛且通常快速地访问信息，特别是互联网。

③ “永恒 9 月”是指自 1993 年 9 月开始，新用户涌入 Usenet 及互联网，与老用户发生摩擦，网络社区礼仪再也无法维持在原有水平。

（Bill Clinton）发送了一封电子邮件，祝贺他结束了对越南的贸易禁令。克林顿回邮件感谢比尔特的祝贺，并分享了自己对互联网感受到的兴奋之情。25 年后，比尔特将这些电子邮件打印成照片，并张贴在社交平台推特上。他附文写道："如今这已是名副其实的博物馆藏品。"

我的主页

互联网迅速成为早期使用者的另一个家园，他们渴望在这里展现自己的存在感。他们认识到，可以巧妙地利用超文本的链接特性，打造自己的在线家园。这促使了个人网页的蓬勃发展。

这也改变了互联网的面貌。在此之前，互联网通常是沉闷的、学术性的地方，大多数用户是物理学或其他科学学科的大学讲师。他们在网上发布课堂讲义，供学生在课外查阅。然而，由于许多公司使用自己的服务器向用户提供免费的互联网托管服务，互联网转变为更加开放、民主、典型的网络。其中一些公司如今可能已经被年轻的互联网用户遗忘，比如地球村（GeoCities）。

地球村由大卫·博内特（David Bohnett）和约翰·瑞兹纳（John Rezner）于 1994 年 11 月创立，当时名为比弗利山庄网络（Beverly Hills Internet）。这两位企业家创办了一家网络托管和开发公司，它也成为最早一批为互联网新企业用户提供网站设计和维护服务的公司。

1995 年，比弗利山庄网络更名为地球村，但这只是一种产品营销策略。其背后的构思是，首先向访问网站的用户提供一块“免费土地”——地球村免费向用户提供高达 2 MB（兆字节）的存储空间，让他们可以在新数字世界中建立和保存个人网站——然后在用户的兴趣和需求增长时提供付费服务。

地球村的用户被戏称为“自耕农”（homesteader），这个词传达了用户在陌生的新领地上营建家园的概念。随着时间的推移，越来越多的“自耕农”不再仅仅满足于互联网的浏览，他们渴望在互联网上留下自己的印记，因此“自耕农”的数量持续增加。1995 年底，每天都有数千名新用户注册，托管在地球村上的网站每个月的浏览量超过 600 万。

尽管面临三脚架（Tripod）、天使火（Angelfire）等其他提供免费网站托管和存储服务提供商的竞争，但地球村仍然不断壮大。1997 年 10 月，地球村已跻身整个万维网的前五大热门网站，有百万用户通过它们的网站托管个人主页。1998 年 8 月，地球村成功上市，并于 1999 年 1 月以 35.7 亿美元的价格被雅虎（Yahoo）收购。然而随着互联网格局的变化，用户逐渐停止创建个人网站，因为他们开始认为社交媒体资料已成为他们在互联网上的新家园，这也导致了地球村在 2009 年的终结。

但是，在个人网站和社交媒体时代之间，还有一个过渡时期，即博客时代。

博客的兴起

早期互联网的一个关键特点是，用户可以在网上表达自己的观点和思想。但是，早期的个人主页（包括托管在地球村等平台上的个人主页）并没有完全体现网络日记的概念，即后来被简称为博客的形式。在 20 世纪 90 年代，早期的网络日志是一些简短的更新，用于与互联网上的其他用户分享信息，但博主通常需要手动更新网页。

然而，人们仍然积极投入了这一活动。术语“网络日志”（weblog）是由机器人智慧（Robot Wisdom）网站的所有者乔恩·巴杰（Jorn Barger）于 1997 年 12 月创造的，他将自己在网站上发现并推荐给他人的一系列链接称为“网络日志”。大约在同一时间，技术博客“斜杠点”（Slashdot）上线，随后在 1999 年 3 月，早期网络博主之一布莱德·菲兹派翠克（Brad Fitzpatrick）开发了一个名为“生活杂志”（LiveJournal）的博客平台。很快，数百万用户开始更新他们的“生活杂志”，其中包括一些青少年。他们将原本的私密纸质日记换成了公开的互联网版本。

博客记录一切!

博客的影响力不可小觑。它改变了我们分析和理解世界的方式，也对当前数字空间的新闻报道方式产生了重大影响。在过去，人们通常习惯于在事件发生后，等待由专业编辑制作的、精确而完美的事件摘要或总结，以便更好地了解事件的经过和重要细节。但现在，我们更希望通过实时博客，即时了解事件的发展过程。

1998 年，人们第一次认识到“博客化新闻”的新模式可能会成为未来趋势。当时，一位曾在哥伦比亚广播公司（CBS）礼品店工作的前销售主管，在他的博客“德拉吉报告”（The Drudge Report）上发布了一篇其他新闻机构都不愿报道的新闻：据传，时任美国总统比尔·克林顿（Bill Clinton）与白宫椭圆形办公室的一名助手发生了性关系。德拉吉的主动披露差点断送了克林顿的政治生涯，他因此遭受了谴责。但是，这一事件预示了未来新闻媒体的变革方向。

然而，真正推动网络博客发展的是由埃文·威廉姆斯（Ev Williams）创立的博客（Blogger），他后来还参与了推特的创建。Blogger 于 1999 年 8 月推出，被认为是更加成熟的博客平台。它鼓励用户将博客视为介于原始的个人日记和他们希望模仿的新闻报道之间的中间形式，即不仅仅是个人生活记录，同时也具有新闻性质。Blogger 在 2003 年被谷歌收购，至今仍然活跃，但已经被文字发布（WordPress）[①] 等内容管理系统所超越。

① 一款能让用户建立出色的网站、博客或应用程序的开源软件。

网景浏览器

20 世纪 90 年代中期，互联网上的网站数量急剧增加。在这个时期，如何高效地在互联网搜索信息变得比以往任何时候都更为关键。正如前面所介绍的，马赛克浏览器在推动互联网时代的发展方面曾发挥重要作用，但在 1994 年 10 月，它经历了一次重大变革。

马赛克浏览器的研发地美国伊利诺伊大学对安德森和比纳将这款产品商业化的做法持谨慎态度，但两位开发者认识到，他们的产品有望成为浏览新兴万维网的主要工具，因此决定独立发展。他们将马赛克浏览器重新命名为网景浏览器（Netscape Navigator），并将其作为网景通信公司（Netscape Communications）的产品推向市场，从大学中分离出来。

网景浏览器是万维网早期浏览器中的一项重大进展。不同于以前的浏览器，它能够在网页所有元素加载完成之前就显示部分内容。当时的互联网连接速度很慢，所以这种特性十分实用，用户可以一边等待图像和其他多媒体内容加载，一边浏览已完成加载的文本内容。此外，网景浏览器还引入了一项新的功能，即缓存文件（cookie）。这些小数据块能够记住用户在网站上的登录状态，让用户无须重复输入用户名和密码。但后来，它们也成为广告商追踪用户浏览行为的有力工具。

1995 年，网景在浏览器市场已经占据了 40% 的份额。1996 年，它的市场份额几乎翻了一番。这可谓一次巨大的突破：当年，互联网用户已经达到 4500 万，较前一年增长了 76%。与此同时，网站数量在同一时期增长了近 10 倍。正如后来证明的那样，1995 年是网景的鼎盛时刻，因为一场“关于谁将掌控用户浏览万维网方式的战争”正在酝酿之中。网景于 1995 年 8 月 9 日 IPO，首次公开发行价格为每股 14 美元。

上市当天，网景公司的股票却无法购买。在安德森和公司看来，这不是一件坏事；相反，这是一个好征兆，反映市场对购买网景股票的兴趣非常高，以至于市场交易无法按照正常有序的方式进行。整个处理过程花了 90 分钟，其间零售业投资公司嘉信理财（Charles Schwab）为焦虑的客户设立了专线，有兴趣投资网景股票的用户可以拨打热线电话，并按 1 键购买。上午 11 点，网景的股票首次交易价格为 71 美元，当天最高价达到了 75 美元。根据当时《华尔街日报》（*Wall Street Journal*）的报道，“通用动力公司（General Dynamics Corp.）用了 43 年的时间才成为一家价值 27 亿美元的公司，而网景通信公司只用了大约 1 分钟”。

而当时，微软正在迅速崛起并成为科技领域的主要力量。它一直在密切关注此事，并渴望进军这一领域。

微软网页浏览器（IE 浏览器）

当用户们还在使用网景浏览器的前身马赛克浏览器来浏览互联网时，微软就已经注意到这种现象并认识到互联网的潜力了。因此，微软决定涉足这一领域。1994 年夏天，微软从拥有马赛克浏览器商业版授权的望远镜公司（Spyglass）处购买了马赛克浏览器的源代码，并安排员工托马斯・里尔登（Thomas Reardon）进行试验性的源代码改进。

虽然微软购买的马赛克浏览器源代码与国家超级计算机应用中心学术团队开发的版本不完全一样，但它们具有相似的基本特性。望远镜公司的开发团队自己从头构建了一个版本，它在外观和操作上与原始的马赛克浏览器非常相似。微软继承了这个版本，并着手开发自己的网络浏览器。

微软非常重视浏览器的开发，公司的首席执行官（CEO）比尔・盖茨（Bill Gates）认为，这对公司的未来生存至关重要。据说，盖茨起初并不太关心互联网的崛起，因为他认为全世界销售的每一台个人电脑几乎都安装了微软的操作系统——微软获得的市场份额已经足够多了。

但 1995 年 5 月底，他改变了看法。在一份名为《互联网浪潮》（“The Internet Tidal Wave”）的内部备忘录中，盖茨向员工解释说，仅仅坐拥主导地位是不够的：

> 在未来二十年，计算机性能的提升速度将远远跟不上通信网络的指数级改进……互联网的进一步普及、综合业务数字网（Integrated Services Digital Network，ISDN）、以视频应用为基础的新型宽带网络，以及它们之间的互联，将在未来十年为大多数企业和家庭带来低成本的通信。
>
> 互联网正站在一切发展的最前沿，未来数年内，互联网的发展将决定我们行业长期的发展方向。或许你已经看到了我和其他人对互联网重要性的备忘录。我本人也在逐渐提高对互联网的评价，现在已经将其视为最为关键的因素。在这份备忘录中，我要明确强调，我们对互联网的关注对于公司业务的每个层面来说都至关重要。互联网是自 1981 年 IBM 个人电脑问世以来最为重要的单一发展，甚至超越了图形用户界面的出现。

盖茨列出了微软需要努力的五项重要任务，其中之一是开发“客户端”——这一工具将能够与当时市场份额占比达 70% 的网景浏览器抗衡。

微软投入了更多的人力与资源，致力于打造公司的旗舰浏览器。里尔登与其他几名微软员工合作，将望远镜公司的马赛克浏览器打造成 IE 浏览器。IE 浏览器的第一个版本在 1995 年 8 月发布，作为视窗 95 操作系统（Windows 95）的一部分，成为许多个人电脑的标配。

浏览器之战拉开序幕

很快，微软开始将IE浏览器捆绑到电脑的操作系统中，同时在1995年11月允许用户从互联网免费下载IE浏览器的第二版本。免费提供IE浏览器的举措，使其与网景浏览器等需要付费使用的浏览器形成了鲜明对比，然而，其他浏览器很快也宣布免费。

尽管网景浏览器将价格削减至零，却未能阻止IE浏览器的崛起，这对网景浏览器来说代价高昂。IE浏览器3.0在1996年发布，业界普遍将其视为与网景浏览器不相上下的竞争对手，微软在同年迅速获得了浏览器市场10%的份额。1998年，大约每10个网络用户中就有4个使用微软的工具上网，到了2000年，这一数字翻了一番。当时，用户能够浏览1700万个网站，而IE浏览器首次发布时，仅有几万个网站可供浏览。

微软在浏览器战争中击败网景，并取得主导地位，但有些事情明显不对劲。

1998年5月，网景公司向美国联邦政府递交诉状，声称微软通过反竞争手段获得了市场主导地位，而法院最终支持了这一指控。在2000年4月的美国诉微软公司案中，法官托马斯·杰克逊

（Thomas Jackson）裁定微软存在垄断行为。

二次战端

IE 浏览器主要在 Windows 操作系统上使用，不适用于苹果系统用户。苹果于 2003 年开发了 Safari 浏览器作为替代选择。但随着时间的推移，曾经失败的网景浏览器犹如凤凰涅槃，成为 IE 浏览器在 21 世纪初所面临的最严重挑战。

火狐浏览器（Mozilla Firefox）是在网景浏览器的基础上构建而成的，但开发团队精简了一些他们认为是为了迎合商业赞助商而添加的不必要的功能。这种精简的设计助力火狐浏览器与 IE 浏览器形成明显的差异。尽管 IE 浏览器占据主导地位，但它却陷入了停滞不前的状态，同时也面临着用户年龄逐渐上升的问题。火狐浏览器起初被命名为“凤凰浏览器”（Phoenix），有意借用从网景浏览器的灰烬中崛起的形象。但由于商标纠纷，它经历了两次更名，分别是“火鸟浏览器”（Firebird）和“火狐浏览器”（Firefox）。

火狐浏览器于 2004 年 11 月横空出世并迅速风靡，在首次推出的短短 9 个月内便吸引了超过 6000 万次的下载。5 年后的鼎盛时期，火狐浏览器占据了浏览器市场的三分之一份额，但不久之后被另一款由谷歌开发的浏览器超越。

但当时，IE 浏览器势不可当。21 世纪初，微软的浏览器市场份额已经达到了 95% 之巨。但是，很快会有竞争对手与之抗衡。

Chrome 浏览器

通过为互联网用户提供极其有用的服务，谷歌不断地扩展其业务。用户不仅能使用免费的网络邮件服务谷歌邮箱，还能使用谷歌的搜索引擎定期了解互联网的新信息和资源；他们还会使用2006 年推出的谷歌日历，记录自己的日程安排，并使用谷歌的网络办公软件。谷歌几乎在互联网的所有领域都有涉足。

但是浏览器是个例外。为了巩固自己在用户数字生活中的核心地位，谷歌在 2008 年 9 月发布了其秘密研发的 Chrome 浏览器。Chrome 浏览器速度快、易于使用，并将谷歌的各项工具自然地融入了浏览器体验中。它秉承了微软的模式，致力于提供尽可能流畅的用户体验。

或许是看到了微软在 20 世纪 90 年代因 IE 浏览器的主导地位而遭遇的问题，谷歌特别强调自己的立场，即 Chrome 浏览器无意取代火狐浏览器或 IE 浏览器，尽管这个说法没有持续多久。截至2013 年，Chrome 浏览器成为全球使用最广泛的网络浏览器，并且至今保持这一地位。

探索网络的边界

许多人在购买第一辆汽车后会愉快地兜风，享受新获得的自由；类似地，一旦用户安装并熟悉了自己选择的网络浏览器，他们也会开始探索浏览器的各种功能，以发现互联网所能提供的各种内容和体验。

例如，访问朋友的个人网站及一些早期知名的网站，包括了1996年6月推出的“问问吉夫斯”（Ask Jeeves）网站。“问问吉夫斯”网站以其特殊的问答引擎（而非搜索引擎）技术而闻名，而且它以一个拟人化的英国男仆吉夫斯（Jeeves）[①] 的形象呈现，可以回答用户的问题。

20世纪90年代初期，美国在线（AOL.com）是最受欢迎的网站。这并非偶然，因为绝大多数人都将美国在线作为他们的互联网服务提供商，因此一登录互联网就会自动跳转至AOL.com。然而，浩瀚的互联网世界里也隐藏了一些宝藏，比如在1992年9月首次亮相的Cybergrass，它最初托管在帕洛阿尔托研究中心（PARC）

① 美国作家伍德豪斯(P.G. Wodehouse)所著小说中的人物，现用来指理想的男仆。

的服务器上，是互联网首个专注于蓝草音乐[①]的音乐网站；再比如今天广为人知的互联网电影资料库（IMDb），它最初搭载在卡迪夫大学计算机科学系的服务器上，致力于提供电影评论和信息。

一些急于测试新互联网连接速度的用户，最终会找到由剑桥大学托管的“特洛伊房间咖啡机”（Trojan Room Coffee Machine）网页。这个网页提供了一个模糊、闪烁的实时视频，让用户看到剑桥大学计算机实验室内的咖啡壶。1993 年，这个网页首次在互联网上发布，但在此之前已经存在于剑桥大学的私有网络中长达两年之久。这个网页被认为是世界上第一个网络摄像头。虽然它在互联网早期只是浏览者的一种消遣，但对于剑桥大学计算机科学系的工作人员来说，它却是一个实用工具：他们可以通过查看图像来确定是否有新鲜的咖啡，而无须离开自己的办公桌。

---

① 一种源于美国肯塔基州的乡村音乐风格，以快节奏、即兴演奏和高亢激昂的声音为特点，常用乐器包括五弦琴、小提琴、曼陀林、吉他和低音大提琴。

尽情聊天

在计算机科学家看来，早期网站普遍只是“只读”的，也就是说，用户只能被动地消费网站上的内容，无法与这些内容或其他用户互动。在万维网出现之前，网络上有热闹、互动性强的 BBS 和 Usenet 群组；相较之下，这一时期在一定程度上算是早期万维网的倒退。尽管用户可以通过网络访问 BBS 和 Usenet，但交流的机会相当有限。

但是，这种情况开始有所改变，互联网上出现了一些能够促进用户互动和交流的网站。例如在 1994 年推出的“比安卡的脏屋子”（Bianca's Smut Shack），它是互联网上第一个聊天室，网址是 bianca.com。不久之后，论坛也出现了，允许用户异步注册和交流，无须同时在线。

互联网时代早期还出现了其他的即时通信工具。例如，1988 年诞生的因特网中继聊天（IRC），但这个聊天系统主要针对极客群体，所以它更适合技术精英而不是普通用户。1996 年 11 月，以色列的即时消息程序“我找你”（ICQ）问世，它利用互联网为用户提供与朋友实时交流的功能。1997 年 5 月，美国在线即时通

（AIM）的黄色跑步人图标，几乎出现在每个美国青少年的电脑桌面上。1999 年发布的微软即时通信软件 MSN Messenger 满足了用户对即时通信的需求，迅速风靡一时。

论坛和聊天程序相当于网络时代早期的社交媒体，用户即便相隔千里，也能通过互联网互动和交流。

尽管早期互联网带来了许多积极的影响，如促使人们相互交流、扩展个人视野及传授新知识，但其中也存在不少弊端，这是不可避免的事实。

第一封垃圾邮件

在互联网的早期阶段，人们普遍遵循规则并自我约束，这是一种乌托邦式的表现。早期的互联网用户普遍意识到他们所拥有的力量，并明智地加以运用。他们会进行自我调节，有时为了更大的共同利益，甚至不惜牺牲个人利益。他们会自我约束，任何在 Usenet 上表现过于哗众取宠的用户都会被要求保持冷静，或者被要求减少发言。

但任何情况下，“一个烂苹果会毁坏一筐苹果”。也就是说，一点不良行为可以迅速破坏整个集体的秩序。互联网上也出现了两个烂苹果。

劳伦斯·坎特（Laurence Canter）和玛莎·西格尔（Martha Siegel）是美国亚利桑那州凤凰城的移民律师。这对夫妇注意到了互联网的强大潜力——它可以在短时间内触及大量人群，而且，他们和大多数人一样看到了其中蕴藏的商机。20 世纪 90 年代中期，根据国际互联网协会（Internet Society）统计的数据，当时有 2500 万人使用互联网。

因此，1994 年初，这对夫妇构思并计划利用互联网的社区力量来推销产品。

他们研发了一个计算机脚本——其实就是一段能够自动执行冗长且耗时任务的代码，用于向 5500 多个 Usenet 发送大量信息。1994 年 4 月 12 日，他们通过一个名为“大规模发送”（Masspost）的脚本发出一条信息。

这条信息让许多 Usenet 的成员感到困惑不已：

1994 年的绿卡抽签，或许是最后一次！

截止日期已经宣布。

绿卡抽签是一个完全合法的计划，每年向出生在特定国家的人提供一定数量的绿卡名额。绿卡抽签原计划永久实施。但最近，由于美国参议员艾伦·J. 辛普森（Alan J Simpson）提出了一项法案，绿卡抽签计划可能被终结。**1994 年的绿卡抽签计划即将举行，这可能是最后的机会。**

绝大多数国家出生的人都有资格参加绿卡抽签，其中许多人是第一次有机会申请绿卡。

不符合资格的国家包括：墨西哥、印度、中国、菲律宾、朝鲜、加拿大、英国（除北爱尔兰）、牙买加、多米加共和国[①]、萨尔瓦多和越南。

绿卡抽签注册即将开始。本年度抽签计划提供55 000个绿卡名额，所有注册成功者均可申请。**申请者无须满足工作要求。**

注册日期严格截至6月，现已接受报名！！

如果阁下需要免费信息，请发送电子邮件至cslaw@indirect.com。

对于一些关注美国新移民或寻求美国永久居留权的Usenet用户来说，这封信可能具有实用价值，但对于罗纳德·里根粉丝群（alt.fan.ronald-reagan）的成员来说，他们在4月12日上午9点30分后看到这封邮件时，可能感到相当困惑。再想想，雪地汽车服务器（alt.snowmobiles）群组的成员在"大规模发送"工具逐一发送信息约15分钟后才看到这封邮件，性自慰（alt.sex.masturbation）群组的成员也差不多同时接收到了这封邮件。

---

① 邮件原文为Domican [sic] Republic，正确的国家名字应为"多米尼加共和国"。

第一次拒绝服务攻击

美国著名迷幻摇滚乐队“感恩至死”（The Grateful Dead）的狂热粉丝们聚集在 rec.music.gdead 群组，开始思考如何报复坎特和西格尔。罗恩·卡尔巴赫（Ron Kalmbacher）等用户和歌迷们建议，除了向这夫妇俩说明当时的大多数互联网用户并不需要绿卡，还可以发送大量邮件提问，让他们也尝尝被邮件淹没的苦果；另外一位音乐迷查克·纳拉德（Chuck Narad）则亲自发送了约 200 封不同信息的邮件。

霍华德·莱茵戈尔德（Howard Rheingold）在接受《时代》（*TIME*）杂志采访时说的一番话，最能概括早期互联网用户对第一封商业垃圾邮件的感受。他说，这就好比用户打开了邮箱，却发现里面有“1 封信、2 份账单和 6 万封垃圾邮件”。

互联网进行了回击。曾经在 1969 年参与发送阿帕网第一条消息的工程师伦纳德·克兰罗克表示：“我们发送大量电子邮件回应垃圾邮件发送者，最终导致他们的服务器崩溃。”由于第一封商业垃圾邮件的影响，互联网无意中创造了第一次拒绝服务（DoS）攻击，即通过引导大规模流量使某个网站或服务无法正常运行。

这是关于大众群体反应的一次有趣研究，同时也是互联网历史上的首次集体行动。然而，互联网的先驱者克兰罗克对此表示担忧。他指出："更重要的一点是，现在问题已经完全暴露了。互联网的理念、愿景及思维方式发生了巨大的变化。如今，互联网已经演变成了一个市场，一个赚钱的机器。我们可以接触到消费者，从中获取利润，将其变成盈利的业务。"

克兰罗克认为，如今互联网用户依然深受第一封垃圾邮件的不良影响。这封邮件因信息质量低劣而被冠以"垃圾邮件"（spam）的称呼。这个词的首次使用可以追溯到1968年，当时一个名叫理查德·迪普（Richard Depew）的用户不慎将200条信息发送到一个Usenet中。这对发送出第一封垃圾邮件的移民律师夫妻声称，这次大规模消息为他们招揽到了10万美元的新业务。这对夫妻于1996年出版了一本题为《如何在互联网高速公路上致富》（*How to Make a Fortune on the Internet Superhighway*）的书。

但好景不长。坎特的命运开始逆转。1997年，这名律师被田纳西州最高法院撤销执业许可。原因是什么？田纳西州职业责任委员会的威廉·亨特三世（William W. Hunt Ⅲ）表示："这是为了强调他的电子邮件广告活动构成了严重的违规行为。"

但是，坎特并非唯一一个发起此类网络攻击的人，后来还出现了一种新型的拒绝服务攻击。这种攻击方式先欺骗毫不知情的受害者，再操控他们成为攻击的执行者。

第一次重大分布式拒绝服务攻击与互联网可靠性

尽管互联网的基础设施包括各种不太稳定的硬件组件，而且有时这些硬件组件的配置可能不够有条理，但互联网的运行通常表现出令人意外的稳定性。一旦互联网上的某些网站出现短暂中断，即使只是几分钟，也会成为新闻关注的焦点，因为这种情况非常罕见。

造成互联网服务中断的原因多种多样，有时是情有可原的人为错误，例如推特在2023年发生中断，是因为劳累过度的员工在没有必要的背景知识和准备的情况下，被迫处理复杂的任务；有时是意外事件，比如海底电缆被拖网割断，通常是渔船在海底拖动锚时不小心造成的；但也有时是有意为之，即有人故意制造互联网服务中断。

2000年，迈克尔·卡尔斯（Michael Calce）是加拿大魁北克省的一名高中生，他的网名叫“黑手党男孩”（Mafiaboy）。当时年仅15岁的卡尔斯总是喜欢捣蛋。他是一个名为TNT的黑客组织的一员，酷爱计算机。因此在当年2月，他提出了一个名为“里沃尔塔”

（Rivolta）的行动，这个词在意大利语中的意思是“反叛”。这次行动的主要目标是对托管雅虎网站的服务器进行分布式拒绝服务（DDoS）攻击。这次行动成功了，它导致雅虎网站下线了一个小时，同时还影响了其他网站，包括亚马逊、美国有线电视新闻网、戴尔（Dell）、亿创理财（E*Trade）和易趣（eBay）等网站。

“纽约证券交易所的人都陷入了恐慌，因为他们当时正在大量投资这些电子商务公司。”卡尔斯在接受美国国家公共广播电台（NPR）的采访时回忆道。这是当时规模最大的分布式拒绝服务攻击，它让卡尔斯在互联网史册中留下了自己的一页。这引起了有关当局的关注，尽管他当时还是个未成年人，最终还是被判处八个月的监禁。

第一次重大互联网病毒

卡尔斯加入了互联网恶棍的行列，但他绝非第一个加入这一行列的人。数十年来，人们试图摧毁互联网的决心与建设互联网的决心，几乎不相上下。

罗伯特·莫里斯（Robert Morris）属于摧毁者而非建设者——他是一名黑客。莫里斯的家庭与互联网有着紧密的联系：他的父亲曾在贝尔实验室工作，后来成为美国国家计算机安全中心的首席科学家，该中心属于美国国家安全局。跟随父亲的脚步，莫里斯考入了哈佛大学计算机科学系，平常在网上以“RTM”为名。

1988 年 11 月 2 日晚上 8:30 左右，罗伯特·莫里斯启动了一个后来被称为“莫里斯蠕虫”（Morris Worm）的计算机程序。莫里斯的朋友们表示，他当时并没有恶意。一开始，他只是在运行 Unix[①] 的系统上发现了一些安全漏洞，而他恰好对这个操作系统十分熟悉，因此决定利用这些漏洞。

① Unix 是一种多用户、多任务、支持多种处理器架构的操作系统。由贝尔实验室开发，1969 年首次发布。

莫里斯蠕虫的最初意图是通过这些漏洞悄悄地进入系统，并无意造成破坏。然而，莫里斯的编码出现了问题，结果导致互联网陷入停顿。根据联邦调查局的估计，莫里斯对互联网造成了至少 10 万美元（按今天的货币价值来看，这相当于至少 25 万美元）甚至可能高达数百万美元的损失。

“2003 蠕虫王”病毒

莫里斯蠕虫病毒是互联网上的第一个病毒，之后还发生了很多其他病毒事件。虽然如今的网络攻击主要是勒索软件攻击——这些攻击会威胁用户以加密的形式支付赎金，然后才可以获取解锁数据的密钥——但是在 2003 年，情况还没有这么复杂。当时，一个长度仅有 376 字节的计算机病毒，就能成功地引发自动取款机（ATM）网络崩溃，导致报纸印刷延迟，同时还能显著拖慢互联网速度。

这就是“2003 年蠕虫王”病毒 SQL Slammer，那是互联网史上不可忽视的一刻。2003 年 1 月 25 日，当全球互联网系统陷入瘫痪时，人们第一次意识到大事不妙。这个微小的病毒利用微软 SQL Server（一种关系型数据库系统）中的一个安全漏洞，感染了一些服务器。受感染的服务器不断地发送和接收数据包，以致路由器不堪重负。

如果一台服务器运行了易受攻击的软件，那么“2003 蠕虫王”病毒将感染这台服务器，并在其中创建新的病毒版本。然后，它会将这些新版本发送到互联网上，搜索具有相同漏洞的新 IP 地址的服务器。如果找到了匹配的服务器，病毒将继续复制并感染它们。

这种自我复制的过程导致“2003 蠕虫王”病毒在互联网上迅速传播，以至于 75000 个易受攻击的服务器在 10 分钟内受到感染。这一事件表明，计算机服务器需要定期更新，以确保其在面对恶意攻击时能够保持安全。

莫里斯竭力掩盖自己的行踪：从哈佛毕业后，他进入康奈尔大学读取研究生学位。这名研究生新生侵入了麻省理工学院的一台计算机，触发了蠕虫病毒的传播。直到事情败露，他才坦白自己是这种病毒的始作俑者。

莫里斯一开始拒不承认自己的所作所为，是因为他的行为实际上构成了犯罪——确切地说，那就是犯罪。1986 年，美国国会通过了《计算机欺诈和滥用法》（CFAA），明文规定入侵计算机的行为属于犯罪。1989 年，莫里斯被定罪，是根据该法规第一个被依法定罪的人。他被处以罚款，并被判了 400 小时的社区服务，以弥补他的不当行为。最终，他成为麻省理工学院的教授，而这里正是他曾经侵入并发动蠕虫病毒攻击的地方。

第一则横幅广告

从互联网诞生开始，用户就一直在线上体验中受到营销和广告的影响。从最早试图向用户兜售获得绿卡的移民服务的垃圾邮件，到如今无处不在的 Instagram 广告，几乎所有用户在数字世界中的行为和活动，都有可能成为商业化的对象。

营销信息的轰炸，导致用户越发依赖工具来掩盖或消除互联网的噪声。40% 的互联网用户会在网络浏览器上定期使用广告拦截器，这些拦截器是一种软件，能够通过计算机代码识别网站上的广告并阻止其加载。

但有段时间，用户并不排斥广告，甚至很乐意点击广告。在当时，用户认为广告是一种新奇体验，是用户愿意主动搜索的东西，就像前往著名且备受欢迎的旅游景点朝圣一样。

互联网上迎来第一则广告的时刻，可谓具有重大意义。这则广告于 1994 年 10 月 27 日出现在备受瞩目的《热线杂志》网站（hotwired.com）上，持续了整整四个月。这则不太起眼的广告由美国电话电报公司（AT&T）投放。

广告的样式是一条细长的黑色横幅，上面写着 8 个简洁的英语单词，整体色彩斑斓，如同闪烁的万花筒："你的鼠标点击过这里吗？"

此外，一个同样彩色斑斓的箭头指向右边的文字："你一定会的。"横幅非常小，只有 476 像素宽、56 像素高。

虽然现在的用户可能不会相信这种自夸的广告方式，但当时有44%的用户点击了这则广告并进入了美国电话电报公司的网站，从而获取了更多的信息。这种广告形式对于当时的用户来说太新奇，难以抵挡。

但是，这种新奇感很快就消失了。在第一则广告的有效带动下，整个互联网出现了铺天盖地的广告。这很快成为一个问题——它们拖慢了互联网连接时的重要数据传输速度。为了应对广告泛滥的问题，北卡罗来纳州教堂山的 6 名程序员创立了 PrivNet 公司，在 1996 年推出了"互联网快速前进"（Internet Fast Forward），这是世界上第一个广告拦截器。

广告泛滥成为一个严重的问题。甚至连乔·麦克坎贝尔（Joe McCambley）[①] 的孩子们也直言，自己父亲的工作就像"制造了一场天花"。

① 麦克坎贝尔制作了互联网史上第一个在线广告。

性销

自古以来，人类一直对性非常感兴趣。从古代洞穴壁画中描绘的非法性行为，到今天仍然完好无损的古罗马马赛克中的性场景，性一直是人类文化和艺术中的一个重要主题。同样，互联网一经问世，性也成为互联网上不可避免的内容之一。

最初，那些所谓的图像其实并不是真正的图像——由于低带宽和缓慢的连接速度，文本以外的任何形式都无法传输。然而，随着英文表情符号（emoticon）和更年轻化的绘文字（emoji）的出现，用户找到了一种不使用实际图像就能传达图像信息的方法（详见第五章）。

ASCII 艺术长期以来一直是互联网不可或缺的一部分。ASCII 是美国信息交换标准代码（American Standard Code for Information Interchange）的缩写，这是一种规范化的符号系统，用于规定人们如何通过计算机文本进行沟通。首次提出制定这种标准的需求是在 1961 年，两年后，第一版 ASCII 正式问世，其中包含了字母、数字及一系列符号，从括号到破折号，从美元符号到箭头，应有尽有。

不久之后，用户开始认识到，通过将这些符号组合在一起，他们可以创造出一种类似“绘画”的效果，就像古罗马人发现将小瓷砖片粘合在一起可以创建更大的图像一样。这就是 ASCII 艺术的兴起。

和所有艺术形式一样，互联网用户的关注很快转向了裸体和性行为的描绘。ASCII 艺术家们迅速跟进，运用他们的技巧创作不宜泄露的作品。不久后，用户采用了更高效的方式：他们从 Usenet 下载二进制文件，这些文件不是实际的图像文件，而是包含了计算机生成图像所需的指令。他们将这些二进制文件离线保存在自己的计算机上，然后使用专门的软件来处理这些看似很小的二进制文件，根据文件中的指令将它们组合在一起，最终生成如今十分司空见惯的图像。

斯蒂芬·科恩（Stephen Cohen）曾参与互联网上早期的一些性内容表达（详见本节文本框），但他并不是域名 Sex.com 的所有者——这个域名被认为是互联网上的重要资产。

真正拥有这个域名的是一位充满创业精神的企业家，名叫加里·克雷门（Gary Kremen）。克雷门意识到，在早期家用计算机时代，用户普遍不了解如何充分利用他们的计算机，于是他创办了一个业务，将在线获取的软件以光盘的形式销售给用户[①]。不久之后，克雷门开始加入淫秽图片以满足市场需求。值得一提的是，

① 这种做法在早期的家用计算机时代很常见，因为互联网速度较慢，人们通常通过光盘来获取和安装软件。

克雷门后来创办了约会网站 Match.com（详见第五章）。

天哪！法国风情

与此同时，有些用户意识到自己不需要图像来追求刺激，他们只需要与志同道合的人进行文字撩拨。科恩就是其中之一，他自称是一个总是在寻找下一个赚钱计划的罪犯。20 世纪 60 年代中期，科恩经营着洛杉矶自由恋爱协会，为俱乐部成员提供通过邮购服务与潜在伴侣建立随意性关系的途径。但实际上这是个大骗局：大部分会员都是在欲望的驱使下心血来潮支付 20 美元，却只换来了变瘦的钱包。

在互联网的成长阶段，科恩还参与推动了公告板系统的发展。1979 年夏季，他尝试将自己对计算机和性两个领域的兴趣结合起来，创办了名为“法国链接”（French Connection）的 BBS 系统。

之所以选择“法国链接”这个名字，是因为它具有异域情调，用户可以通过文字互动来追求最狂野的性幻想。随着时间的推移，这种互动扩展到了线下，包括在加利福尼亚富裕地区举办的性派对。在蓬勃发展的互联网上，这是用户探索自己性取向的早期场所之一。

在早期的互联网发展阶段，克雷门运用他的商业眼光，不仅仅看重眼前的机会，还预见到了未来互联网的发展趋势。他意识到，可以通过收集一些在互联网发展过程中逐渐增值的资产来实现盈利，而不仅仅是提供服务或创办企业。

1994 年 5 月 9 日，克雷门给网络解决方案公司（Network Solutions Inc.）的弗吉尼亚州赫恩登办事处发送了一封电子邮件和信函，成功注册了域名 Sex.com。网络解决方案公司是一家科技公司，专门负责授权和管理域名——域名是用户在浏览器地址栏中输入的字母和数字组合，用于访问特定的网站。

网络解决方案公司曾获得美国国防信息系统局的合同，负责管理域名的分发工作。在 20 世纪 90 年代初期，网络解决方案公司很快意识到这将成为一项繁重的任务：截至 1991 年，已经有 12 000 个域名被注册，而如今的域名数量已经达到数亿个。

与情色有关的域名

Sex.com 并不是克雷门特别留意的域名，他注册这个域名并不是一开始就计划好的。克雷门在查看了《旧金山湾区卫报》（*San Francisco Bay Guardian*）的分类广告版块后，了解了用户对什么事情感兴趣，这才启发了他以自己的名义注册一系列域名的想法，而 Sex.com 是这一系列域名中的最后一个。

之所以列出一长串域名，并不是因为克雷门资金充沛，而是因为当时的情况与现在不同。在 20 世纪 90 年代初，有关当局会直接向注册者提供域名，而注册者也不必向当局支付注册域名的费用，但是，注册者手中的域名却可以以数百万美元的价格转手。例如，域名 LasVegas.com 是 2005 年以 9000 万美元的价格从一个私人所有者手中拿下的。1994 年初，《连线》杂志的一名记者申请了麦当劳域名（McDonalds.com）的使用权，然后再去询问麦当劳是否有兴趣买下它。这家快餐巨头起初感到有点疑惑，但最后还是以 3500 美元的价格从这位记者手中买下了使用权。1995 年 9 月，已经被科学应用国际公司（Science Applications International Corp.）收购的网络解决方案公司意识到，他们可以对域名的使用权收费，于是便开始向每个域名收取 5 美元的注册费。短短 6 个月内，他们便赚取了近 2000 万美元。

在收费政策实施之前，克雷门本分地申请并拿下了 Sex.com 的使用权。除了给网络解决方案公司寄信所需的邮费，他没有支付其他费用。这个网站一直处于休眠状态，直到 1995 年 10 月，斯蒂芬·科恩偶然发现了这个 URL，并注意到该网址没有任何内容。他随后联系了克雷门，并声称自己应该拥有 Sex.com 网址的使用权。然而，斯蒂芬·科恩没有提供任何证据来支持他对 Sex.com 商标的权利主张，而只是提出了他与“法国链接”BBS 的历史。

克雷门拒绝给予斯蒂芬·科恩对 Sex.com 域名的使用权，而斯蒂芬·科恩竟然窃取了该域名。他用伪造的文件欺骗了注册机构，而注册机构也不问缘由地将域名交给了他，没有核实详情。之后，斯蒂芬·科恩开始在 Sex.com 网站上铺天盖地地张贴广告横幅。

科恩开始以每次 50 000 美元的价格在 Sex.com 上销售广告，而分析师则估计该网站的价值至少达到 1 亿美元。然而，所有这一切都建立在一场骗局之上，加里·克雷门成了这场骗局的受害者。

之后，双方围绕该域名的所有权展开了长达一年的激烈法律战，最终，2000 年 11 月 27 日，Sex.com 回归了克雷门手中。法院还判定科恩应向克雷门支付数千万美元，但这笔款项从未被支付。

克雷门从未有意涉足色情业务，因此在深思熟虑后，他于 2006 年 1 月 20 日以 1400 万美元的价格将 Sex.com 转让给了另一家公司。当时的新闻报道称，这次交易是一次“里程碑式的交易”。

“唯一粉丝”之前的互联网色情

如今，有数百万人通过“唯一粉丝”（OnlyFans）这个平台谋生——主要依靠推销个人的隐私照片。“唯一粉丝”是一个订阅网站，允许忠实粉丝付费访问创作者发布的独家内容，其中很多内容涉及色情。“唯一粉丝”成立于2016年，但在它诞生的20多年前，一名脱衣舞娘已经意识到如何利用她忠诚的粉丝群体，她的赚钱模式就类似今天“唯一粉丝”的模式。

丹尼·艾希（Danni Ashe）是一名住在西雅图的脱衣舞娘。1995年，她带上了一本关于超文本标记语言（HTML）编程的轻松读物前往海滩度假。在万维网早期，HTML是构建一切网站的关键要素之一。

丹尼·艾希利用从那本书中学到的知识，于同年创建了自己的网站——“丹尼的硬盘”（Danni’s Hard Drive）。她在这个网站上发布照片、视频和音频采访，用户可以每月支付15美元来获取访问权限。正如后来的“唯一粉丝”和其他追随丹尼·艾希脚步的人迅速发现的，这一模式非常成功。丹尼·艾希每年能赚取到650万美元。据称，从她的网站下载内容的用户数量使用的带宽量，超过了整个中美洲地区的带宽使用量。

有人经营色情业务，也有人从事色情盗版的活动。

互联网上长期以来存在大量的色情内容，这也引发了一些关于在网络上分享这些内容是否道德的问题。1995 年，曾出演电视剧《海滩游侠》（*Baywatch*）的明星帕梅拉·安德森（Pamela Anderson）和她当时的丈夫汤米·李（Tommy Lee）的性爱录像带于家中被盗，这些视频迅速在互联网上传播。这一事件成为早期的病毒式传播现象之一，对安德森造成了巨大困扰。这也是最早的非自愿分享亲密图像的案例之一，而这个问题至今在有记忆的互联网上仍然存在。

网络盗版

自古以来，有人创造艺术，就会有人仿造艺术。不管是模仿早期绘画大师的廉价赝品，还是威胁音乐和电影产业的盗版家庭录像产品，盗版一直深植于我们的日常生活之中。

互联网的出现加速了许多事物的传播，其中也包括盗版现象。早期的互联网盗版活动被称为“盗版场景”（warez scene）——这是一种地下亚文化，起源于万维网诞生之前的 BBS。20 世纪 80 年代末期，它开始转移到 IRC 服务；20 世纪 90 年代，则依靠与网络紧密相关的文件传输协议（FTP）服务器。

早期的盗版 BBS、服务器和聊天室存在两种主要的交易内容：软件和色情。一些拥有平板扫描仪的创业公司会复制最新一期《花花公子》（*Playboy*）的中心插页，然后在线交易。同样，一些渴望获取最新软件的技术爱好者则希望交易热门程序的盗版版本。使用盗版软件的情况十分严重，导致业界组织软件出版商协会（Software Publishers Association）不得不发起一场“别复制那张软盘”（Don't Copy That Floppy）的公众宣传活动。在这个活动中，美国各地的小学生观看了一盘录像带，其中包括一段说唱歌曲，旨在劝告人们不要参与软件盗版行为。

但是，在没有互联网的时代，人们要获取盗版材料必须认识一些有门路的人，或者了解在哪里寻找和如何提出请求。他们要么认识一些去过中国香港的朋友，因为当时那里有大量盗版电子游戏和电影；要么寻找一位友善的家庭录像店员工，然后以合适的方式说明自己需要的内容，然后就可能在柜台下偷偷掏出一盒非法复制的录像带。然而随着互联网的发展，盗版的内容变得更加普遍和容易获得，最终，互联网将盗版带入了主流。

不过，即使在 20 世纪 90 年代，要获取盗版材料仍然需要一些有门路的引路人。当时的搜索引擎仍然相对简单，大多数用户进入盗版领域都是通过个人介绍：也许是盗版 BBS 的用户，或是 IRC 聊天室的用户，总会有人知道如何前往阿拉丁的神秘洞穴[①]盗取非法材料。

人们更喜欢使用盗版内容的原因很简单——省钱。1994 年，一篇发表在商业道德期刊上的调查发现，人们使用盗版软件的主要动机是正版软件价格昂贵，而这一结论在 1997 年的一项调查中也得到了印证。毕竟，谁会嫌弃免费的东西？正如电子前线基金会（Electronic Frontier Foundation）创始人佩里·巴洛（Perry Barlow）1994 年发表于《连线》杂志的文章所强调的："所有关于知识产权的观念，都需要重新审视。"

在上述两项调查之后，互联网上又出现了另一项特定的计划，它永远改变了盗版的格局——普通大众开始习惯免费获取内容。

① 指《阿拉丁神灯》故事里主人公阿拉丁找到神灯的神秘洞穴。

纳普斯特的出现

1999年，肖恩·范宁（Shawn Fanning）和肖恩·帕克（Sean Parker）志存高远。作为美国东北大学大一新生的范宁，对自己的现状感到不满。同年1月，他选择辍学，为自己争取更多的时间来编写平台代码。他相信，自己的平台可以解决盗版者长期以来面临的难题：互联网连接缓慢的情况下，盗版者不得不花费数小时，尝试从网站和IRC频道下载单个音乐曲目，但他们常常在传输完成之前遭遇失败。

范宁的聊天室用户名曾经是纳普斯特（Napster）。大约在1998年，他透露自己可以利用“点对点连接和传输”解决这个棘手的问题。具体而言，一个用户可以在电脑上共享特定的文件夹，其他用户可以通过互联网访问这些文件夹，并将文件下载到自己的电脑。用户的下载速度会与他们的网速匹配：如果网速很快，下载速度也会快；如果网速较慢，下载速度则会相应减慢。这样可以避免下载失败或超时的问题。此外，用户可以按自己的意愿暂停和继续下载。更重要的是，用户可以搜索整个可下载的MP3文件数据库（MP3是一种文件格式，首次发布于1991年。通过去掉音乐中大多数人听不到的位数，将原本数据密集的音频文件压缩成更小的文件，有利于网速慢的用户下载和传输。这种压缩方式类似于从一幅草图中擦除不必要的背景，使文件只包含重要的部分）。纳普斯特双手为用户奉上了一个非法下载材料的目录。

帕克恰好也在同一个聊天室里，他对范宁的想法非常着迷，于是两人决定合作开发，并于 1999 年 6 月 1 日发布了纳普斯特。同年 10 月，用户已经授权访问了超过 400 万个文件，供其他志同道合的用户免费下载，这引起了音乐行业的关注和不满。值得注意的是，这一事件发生在 2003 年 4 月 28 日之前，也就是苹果公司最热门的音乐软件 iTunes 推出之前。iTunes 为用户提供了合法下载 MP3 文件的途径（当时有 20 万首歌曲可供下载）。三年后，流媒体音乐平台声破天（Spotify）推出，最终消除了用户购买单曲的需求。

纳普斯特平台违反了法律。美国的《数字千年版权法案》（DMCA）于 1998 年 10 月通过，并在两年后生效。该法案允许版权持有人对侵权者穷追猛打，要求他们赔偿损失，甚至是蹲监狱。它对非法获取内容的处理做出了明确的规定。

音乐行业的担忧是完全合理的。纳普斯特平台将盗版行为从黑暗角落带到了社会主流。一些大学的网管声称，40%~60% 的学校网络流量用于通过纳普斯特及其他运作方式类似的竞争平台传输 MP3。1999 年春，也就是纳普斯特推出的时候，搜索词“MP3”的次数首次超越了“性”。2001 年，纳普斯特在全球拥有 7000 万用户，每年的 MP3 下载量达到了 3000 亿次。

纳普斯特平台上的MP3文件覆盖了各种音乐类型和众多艺术家的作品。2000年3月，金属乐队（Metallica）对该平台提起了诉讼，原因是他们发现原创歌曲《我消失了》（*I Disappear*）的试听版本在正式发布之前就可以从纳普斯特平台上下载。同样的情况也发生在麦当娜（Madonna）的歌曲《音乐》（*Music*）上，该歌曲原定于2000年8月正式发布，但纳普斯特平台却提早两个月就上线了这首歌。此外，英国摇滚乐队电台司令（Radiohead）也发现专辑《一号复制人》（*Kid A*）中的一些曲目在CD发布的数月前已经在线上出现。

不仅仅是艺术家，唱片公司也纷纷将纳普斯特平台告上法庭。A&M唱片公司联合其他18家唱片公司起诉了纳普斯特。法院在2001年3月5日颁布一项禁令，禁止纳普斯特平台允许用户通过其服务分享受版权保护的音乐，但是纳普斯特在4个多月以后才履行了这项禁令，于2001年7月11日停止提供非法下载服务。纳普斯特背后的公司最终为解决诉讼支付了2600万美元的和解费用。

纳普斯特试图转向正规经营。它针对授权音乐推出了一项订阅服务，但已经习惯免费获取内容的用户，对这项服务并无多大兴趣。与此同时，那些曾将纳普斯特视为敌人的唱片公司，也不太愿意将音乐文件委托给这家公司。尽管纳普斯特提供了付费订阅服务，但其音乐曲库的数量相对有限。最终，纳普斯特在2002年6月申请破产。

但那个时候，一系列采用类似技术的应用程序已经相继涌现，其中包括由华尔街前交易员马克·戈顿（Mark Gorton）于2000年创立的石灰（LimeWire）。到了 2007 年，全球三分之一的计算机用户都安装了这个客户端。此外，音乐共享站点卡扎（KaZaA）于 2001 年 3 月推出。这些都是纳普斯特之后的产物，其中大多数已经在法庭上败诉后覆灭了。然而，免费内容的滋味早已深入人心，此外，另一种全新的点对点文件传输方式比特流（BitTorrent）协议于 2001 年 7 月 2 日首次亮相，至今仍然是获取盗版付费资源的主要途径之一。

娱乐界的反击

盗版问题导致音乐产品销售额下降，美国音乐产品销售额从1999年的146亿美元下降到2009年的63亿美元。面对这一问题，娱乐界采取了一种折中的策略。他们意识到，人们不再购买音乐的实体副本[①]，而是更倾向获取MP3格式的音乐文件，然后在新型MP3播放器上播放这些文件。苹果公司于2001年10月发布音乐播放器iPod。

因此，娱乐界开始销售MP3文件。但这些MP3文件不同于多年来一直被盗版的那些——这些MP3文件包含数字版权管理（DRM）技术。

权利持有人担心他们的作品（如音乐、电影或软件）可能会在未经授权的情况下通过互联网传播，而DRM的出现可以有效解决这种担忧。借助DRM技术，权利持有人就可以进入互联网市场。DRM不仅允许权利持有者在互联网上分发他们的媒体和软件产品，

① 指以实际物理形式存在的复制品，通常用于描述印刷出来的书籍、光盘、DVD等物理媒介的副本。

还能够严格限制文件流向互联网之后的情况。DRM 是一种计算机代码，可以限制普通人拥有文件后可以执行的操作，这意味着权利持有者可以限制用户对作品的使用方式。

盗版的复兴：另起炉灶

惯于免费获取音乐和其他文件的消费者，显然难以接受新的限制措施。因此，一场新的盗版革命开始兴起。2003 年，盗版网站海盗湾（Pirate Bay）诞生，该网站允许用户通过比特流协议下载可用的种子。网站由瑞典黑客高特弗里德·斯瓦托姆（Gottfrid Svartholm）在自己的电脑服务器上启动。他在位于墨西哥的一家公司里工作，而该公司的老板对他的所作所为几乎一无所知。

随着海盗湾声名渐广，它借用公司服务器的做法让它越来越容易暴露，于是该网站的托管地点被转移到了瑞典。截至 2004 年底，海盗湾已经建立了超过 100 万个点对点连接，传输了 6 万个种子文件。而到了 2005 年底，这一数字飙升至 250 万，直至 2006 年 5 月瑞典警方对海盗湾发起了一次突袭。尽管如此，海盗湾仍然坚持运营，不断躲避封锁和威胁。

一些音乐界从业者也在使用这一平台。2016 年，为了展示新专辑的制作进展，坎耶·维斯特（Kanye West）在推特上分享了一张笔记本电脑屏幕截图。截图显示，他在浏览器中打开了多个网站。然而坎耶没想到的是，浏览器中打开的标签页一览无遗地暴露在人们面前，其中包括音乐制作软件的种子文件，以及一个可以非法提取 YouTube 音频的网站。

同时，还有其他音乐分享网站相继兴起和消失，其中包括欧英克的粉色宫殿（Oink's Pink Palace）。这是一个由用户捐款支持的私人音乐网站，从 2004 年运营到 2007 年。由于涉及侵权指控，该网站被迫关闭，尽管所有者艾伦·埃利斯（Alan Ellis）最终被裁定无罪。随后出现了一个名为 What.CD 的类似网站。由于担心警方的突然袭击，这个坚持了将近 10 年的网站选择在 2016 年关闭。

DRM 在 21 世纪初被广泛应用于解决盗版问题，但其概念最早可以追溯到更早的时期，具体来说是在 1986 年。当时，电子出版资源公司（Electronic Publishing Resources）的创始人维克多·谢尔（Victor Shear）提出了 DRM 的概念，旨在帮助推广自己公司的产品。电子出版资源公司主要向图书馆销售数据库管理软件，这些图书馆提供只读光盘驱动器（CD-ROM）给用户借阅。这件事让 CD-ROM 制造商开始警惕起来，因为他们担心，一旦用户借阅了他们的 CD-ROM 产品，用户可能会复制或传播这些光盘上的内容，而不再需要购买原始产品。因此，DRM 的概念最初是为解决这一问题而提出的。

最初，这个工具被命名为投资回报率（ROI），并在 1986 年成为谢尔专利申请的重要部分。这项专利为电子出版资源公司的成立奠定了基础，很快，谢尔关于数字版权管理工具的理念被许多其他竞争对手采纳和发展。后来，谢尔创办了联聚信科（InterTrust）公司，并为一些关注互联网版权问题的企业销售类似 DRM 风格的工具。

联聚信科拥有多项关于数字版权管理的专利。该公司一名前员工表示，谢尔本人的动机是“在网络空间中建立文明社会”。然而，谢尔本人拥有的专利却没有得到这种文明的礼遇：谢尔曾起诉微软侵犯其专利权，并最终达成了 4.4 亿美元的和解协议。谢尔的理念基本上成了一系列新 DRM 工具的标准，这些工具是权利持有人的蜜糖，却成为常规用户的砒霜，因为它们极大地限制了用户使用数字文件的权限。

互联网的繁荣与崩溃

有许多人试图非法获取内容同时也不谋取经济利益，但也有很多企业能够在不断发展的互联网上赚取大量资金。拥有先发优势的公司能够赚取巨额回报，并通过巨额估值和IPO在股市上掀起市场泡沫。

这些互联网公司推动了纳斯达克股指在1995年至2000年3月期间的飙升，股指涨幅超过800%。部分原因在于互联网公司的数量迅速增加：1996年至2000年，大约有5万家互联网公司成立，它们获得了超过2.5万亿美元的风险投资支持。1999年，近250家互联网公司进行了IPO。摩根士丹利跟踪了199家上市互联网公司的股票，估计其总市值在1999年10月达到了4500亿美元。

互联网创业似乎拥有100%的成功率：只要进入互联网领域，就像拥有了印钞许可证。握着大量现金并寻求巨额回报的风险投资家，都非常乐意支持位于加州硅谷这个网络温床中的初创企业，即使它们暂时还没有盈利。事实上，这些企业也没有盈利。摩根士丹利追踪的199家公司总市值接近5000亿美元，然而它们每年的销售额只达到210亿美元，而且并没有盈利，其总亏损额达到

62 亿美元。

一位报道互联网泡沫的记者后来告诉《名利场》(*Vanity Fair*)杂志，在由风险投资赞助的派对上，刚刚走出校园的公司创始人对公司盈利自信满满，称自己是“盈利前公司”(这个问题在大型科技公司的历史上一直存在。在 20 世纪 80 年代，大约五分之四的公司在上市时是盈利的。截至 2019 年，在价值超过 10 亿美元的初创公司中，实际盈利的比例仅为五分之一)。

“盈利前公司”的意思就是，这些公司的计划是最终实现盈利，这也是如今的科技初创公司仍在追求的模式。它们不惜一切代价追求增长，希望在资金耗尽之前找到可行的商业模式。不过，记者们的问题总是没有切中要点。《连线》杂志曾经十分推崇互联网泡沫中表现最出色的公司。在 1997 年 7 月的一篇文章中，记者写道：

> 我们已经进入了一个持续增长的时期，可能每 12 年就会将世界的经济规模翻一番，为地球上数十亿人带来日益增长的繁荣。我们正乘风破浪前行，迎来一轮持续 25 年的经济繁荣，这将在很大程度上解决贫困等看似棘手的问题，同时也有望减轻世界各地的紧张局势。

这番言辞充满了自命不凡和傲慢的味道。

当然了，这并不是事实。

征服互联网的“狂野西部”

本章概述的情景，凸显了 Web 1.0 时代的无政府状态。在那个时代，人们相聚于论坛和聊天室，各自在隐秘的互联网一隅，守护自己的个人网站。不过，在短短几年间，我们就从无拘无束的互联网时代过渡到了由巨头平台垄断的时代。

科技巨头的霸主地位无可争议。虽然互联网初期的自主创新精神如今仍然存在，但它已经被少数几家巨头公司的主导地位所淹没。

曾经备受技术发烧友和互联网早期用户喜爱的网景浏览器，正逐渐被 IE 浏览器所取代。IE 浏览器成为用户必不可少且无法替代的网页浏览器巨头。随着互联网变成一个商业化的领域，曾经在个人主页上精心展示个人形象的用户，似乎有些过时和肤浅。渐渐地，一些大型网站开始主导互联网（详见第三章），吸引了大量的用户和访问量，而其他的小型网站都围绕着这些大型网站运转，仿佛被它们的影响力所吸引和左右。

形势在变化，日新月异。一个时代落下帷幕，另一个时代方兴未艾。

第三章

注重用户交互的 Web 2.0

迎接 Web 2.0 时代

20 世纪 90 年代末，互联网快速地在全球铺开。越来越多的人能够轻松甚至是零成本地踏上互联网的奇妙之旅，而访问互联网的硬件设备价格也逐渐变得亲民，美国甚至提供了免费连接。美国电脑品牌易美逊（eMachines）就推出了一项优惠政策：如果用户考虑店内返利政策，并同意与互联网提供商签订合同，他就能免费获得一台联网的个人电脑。

进入千禧年，北美地区有超过 40% 的人已经开始使用互联网，而欧洲和中亚地区只有 12.5%。西方世界在迅速地迈向网络化社会，但这并不代表全球的情况都一样。全球范围内，只有不到 7% 的人开始使用互联网。这再次强调了一个事实：一个人所在的地理位置，构成了他们是否能够使用互联网的重要因素。

然而，这标志着一个新时代的开始。而且顺理成章地，这个新时代需要一个新名字。

这个新名字由用户体验设计师达西·迪努琪（Darcy DiNucci）提出，她于 1999 年在《印刷》（*PRINT*）杂志上刊登了一篇题为《破碎的未来》（“Fragmented Future”）的文章。她在文中写道：

> Web 1.0 与未来 Web 的关系，就犹如电子游戏《乒乓》（*Pong*）与电影《黑客帝国》（*The Matrix*）的关系[①]……我们现在所知道的 Web，基本上是以静态形式被加载到浏览器窗口中的，但这只是未来 Web 的雏形。

达西预测了一个未来时代，这个时代被称为 Web 2.0，尽管当时它还未来临，但已经开始显现出一些迹象。这个未来时代将会带来“许多不同的变化和发展，包括多样化的外观、行为、用途及不同的硬件支持”。这个时代具有更强的互动性，不仅会扩展到我们的电视和手机，甚至可能扩展到家用电器，这也是物联网的前兆。

这是一个具有前瞻性的观点，标志着一个崭新时代的来临。Web 2.0 甚至被借用为自 2004 年开始的一系列会议的主题。然而，这个时代也见证了 Web 1.0 时代的巨头们忙于争夺市场份额而引发的一场巨大的权力之争，它至今仍在影响我们的生活。

对于所有人而言，Web 2.0 时代是激动人心的时代。然而为了讲述这段旅程的始末，我们需要时光倒流，回溯到最初的 Web 1.0 时代。

---

① 《乒乓》是第一款投币式电动玩具游戏和第一款家庭电视游戏，最开始只是一个“人与机器进行对战”的游戏。Web 1.0可以被比作电子游戏《乒乓》——一种简单、单一的娱乐形式；而未来版本的Web可以被比作电影《黑客帝国》，是一种更加复杂、多样化的体验。

互联网泡沫的破裂

狂热的互联网泡沫终将散去。所有数字看起来都匪夷所思：美国在线曾经站在浪潮的巅峰——在20世纪90年代，其股票价值竟然增长了80000%。2000年1月10日，美国在线与时代华纳（Time Warner）合并，美国在线CEO史蒂夫·凯斯（Steve Case）声称要将其打造为"互联网时代的全球公司"。

然而实际上，这次合并注定是一场失败。随着21世纪的到来，互联网泡沫即将破裂，尽管当时的世界尚未意识到这一点。

或许没有一家公司能比Pets.com更充分地诠释互联网的繁荣与衰退。Pets.com是一家销售热门宠物用品的企业，由格雷格·麦克勒莫尔（Greg McLemore）创立，其商业理念十分睿智：人们热爱自己的宠物，愿意为宠物慷慨付费。

然而，这个睿智的想法却止步于此。麦克勒莫尔并非唯一一个发现这个市场缺口的人，因此Pets.com面临一系列竞争对手。尽管如此，麦克勒莫尔的说服力很强，公司成立后不久，他就成功地将其54%的股权出售给了亚马逊。Pets.com在2000年2月成功IPO，获得融资8250万美元。

Pets.com的财务状况引发了诸多疑问。在IPO的招股说明书中，Pets.com披露了1999年的销售数据，其中公司销售额仅570万美元，而亏损却高达6100万美元，这些数字说明销售和亏损之间存在显著的不匹配。

进一步审视Pets.com的商业模式之后，造成这个问题的原因便浮出了水面。Pets.com每售1美元的商品，就会亏损57美分：一大包狗粮的运费是5美元，但这个收费实际上只相当于公司运输成本的一半。在互联网泡沫时期，市场更加注重公司的外部形象和股价表现，而对盈利能力和商业模式的合理性关注较少。正如那句英语谚语所说："成功，从假装开始。"（Fake it until you make it.）

Pets.com未能走向辉煌。在上市交易的短短268天后，该公司便不得不宣告进入清盘程序。这并非首次，也不会是最后一次。

随着互联网泡沫的破裂，一些互联网巨头开始撤退。然而，Web 2.0的蓬勃发展势不可当，我们势必需要采取一些应对之策。

搜索的海洋

不断发展的万维网为“冲浪者”——按照早期互联网的专用语言——带来了一个问题：这个世界实在太浩瀚了。

1991 年 8 月 6 日，由蒂姆·伯纳斯－李构思推出的万维网正式亮相，但当时只有一个网站：他自己托管在 info.cern.ch 上的网站，这个网站用于解释万维网的概念。到了 1992 年，早期的浏览器已经拥有 10 个网站。1993 年，互联网已经扩展到了 130 个站点，用户很难凭记忆记住这么多个网站。

1994 年初，情况开始失控。全球已有超过 2500 万的互联网用户，可以访问 2738 个网站，每个网站都可能包含多个独立的网页。虽然对于早期的互联网探险者来说，这是一段令人兴奋的时光，但这也意味着查找所需信息变得愈发困难。用户在浏览了大量不同的网站之后，已经很难准确记住自己在哪里看到了某条惊人的信息。

在互联网初期，用户很容易迷失在信息海洋中——信息检索也面临同样的问题。雅虎两名毕业于斯坦福大学的创始人杨致远（Jerry Yang）和大卫·费罗（David Filo）也意识到了这个问题，他们创立了一个搜索引擎工具，就类似我们现在熟悉的那种，但实际上它更像是一个数字化的文件柜，将万维网划分为不同的版块。这个工具包含了新闻与媒体、社会与文化，以及娱乐等各个版块。起初，雅虎的主页上并没有为用户提供用于搜索内容的文本框。相反，主页上列出了各种子版块的链接，供用户按照主题浏览信息。

雅虎一开始也并不叫这个名字，而是被称为“致远和大卫的万维网指南”。然而，当他们认识到这个网站不仅仅是为了满足自己的兴趣，而是具有更广泛的用途时，他们便将其更名为雅虎，也就是“另一种正式层级化体系”（Yet Another Hierarchical Officious Oracle）的缩写。[①]

杨致远和大卫·费罗的发现并不算独一无二。在雅虎于 1994 年 1 月成立之前，已经有人尝试以更有条理的方式对互联网上的信息进行分类和检索了。例如，1990 年推出的旨在列出互联网所有文件目录的阿奇档案检索系统（Archie）、内华达州研究人员设计的维罗妮卡网络信息检索工具（Veronica），以及笨瓜搜寻工具（Jughead）（后两者是对前者的致敬——维罗妮卡和笨瓜是《阿奇漫画》系列中的角色）。然而，这些工具与我们今天熟知的搜索引擎存在显著差异。

蒂姆·伯纳斯-李曾一度尝试追踪全球所有新上线的互联网服务器，并按照它们上线的时间以倒序方式呈现。但事实证明，

① 大卫·费罗和杨致远对雅虎名字由来的解释不一样。据他们说，选择这个名字是因为《格列佛游记》中的列胡（Yahoo）。

这是一项艰巨的任务。

由于 1993 年初至 1994 年间互联网上的网站数量激增，因此，我们实际上可以将 1993 年视为网络搜索技术的真正发端之年。在这一年，一群积极投身于构建互联网索引的狂热爱好者开始尝试各种不同的方法，以整理和分类互联网上的信息。

首个基于爬虫的网络搜索引擎：JumpStation

关于搜索引擎的理念并不难理解。正如保罗·格利斯特（Paul Glister）在1995年出版的《互联网界面的基本指南》（*The Essential Guide to the Internet Interface*）中所述："我们需要精确指定我们所需的信息，然后让计算机替我们进行搜索。"然而，实现这一理念却并不简单。

现代大多数搜索引擎工作的关键原理，是通过派遣一种叫作网络爬虫的自动化程序，在互联网上收集信息，并将获取的信息分类。当用户在搜索引擎中输入文本查询时，搜索引擎会根据之前收集的信息来响应用户的查询，显示相关的搜索结果。这一原理的奠基人是斯特灵大学的计算机科学研究生乔纳森·弗莱彻（Jonathon Fletcher）。弗莱彻原本计划攻读博士学位，但由于无法获得学费支持，所以他选择在大学找了一份工作。

弗莱彻希望了解互联网上内容的概览，因此他部署了一组网络爬虫。这些网络爬虫根据弗莱彻提供的URL列表，依次访问每个页面上的每个超链接，顺藤摸瓜地找到其他网站上的新页面。当网络爬虫发现一个尚未记录在数据库中的网页时，它就会采集并储存该页面的标题、URL 及基于全网任何标题头信息生成的内容摘要。

1993 年 12 月 12 日，首批网络爬虫被部署到万维网上，进行信息索引。12 月 21 日，它们已经遍历了整个可索引的网络，返回了约 25 000 个结果。值得注意的是，这个过程是持续不断的；1994 年 6 月，它们已经索引了 275 000 个网页。需要强调的是，网页只是网站的一部分，也就是说，一个网站可以包含多个不同的网页，每个网页可能包含不同的内容、信息或功能。弗莱彻称这个网站为 JumpStation，它允许用户查询爬虫机器人所收集的数据库内容。

但是，并不是每个网络用户都喜欢一个小机器人在他们的网上家园里跑来跑去。2009 年，有人向一家报纸透露："有些网站运营者认为这款机器人侵犯了他们的网络领地，其中一位留言表示：'我们不知晓你的身份，也不了解你的行为，但请你停下来。'"

弗莱彻通过马赛克浏览器的"最新动态"页面来宣传自己的搜索引擎。正如第一章所介绍的，马赛克浏览器是许多用户进入互联网的主要途径。JumpStation 开始变得越来越受欢迎。它曾在 1994 年被提名了最佳网络奖的一个奖项——"最佳导航辅助工具"，但遗憾的是，它最终未能获奖。万维网虫（WorldWideWebWorm）网站击败 JumpStation，获得了"最佳导航辅助工具"奖，该网站由科罗拉多大学计算机科学专业的学生奥利弗·麦克布赖恩（Oliver McBryan）创建。奥利弗于 1993 年 9 月开始研究与 JumpStation 类似的概念，但万维网虫直到 1994 年 3 月才对公众开放。最佳网络奖高度评价了万维网虫网站，称其“已经相当全面，而且日益受到用户的欢迎。这是一个可以索引标题、网址和引用链接的机器人”。

虽然 JumpStation 取得了先机，而万维网虫获得了最佳网络奖的奖项，但这两个项目最终都未能长存。一方面，由于弗莱彻未能说服大学继续为他的工具提供服务器，JumpStation 于 1994 年退出历史舞台；另一方面，由于麦克布赖恩主要将万维网虫视为研究项目而非盈利性项目，他的努力也终成泡影。很快，其他人陆续参与开发搜索引擎项目，他们不仅致力于为早期互联网用户提供便捷的工具，还追求财富的积累。

谷歌登场

20世纪90年代，谢尔盖·布林（Sergey Brin）和拉里·佩奇（Larry Page）在斯坦福大学求学期间相识并成为朋友，尽管一开始他们并不太合拍。这两位年轻人都属于互联网的早期用户，十几岁时就已经开始接触并熟练使用当时新兴的万维网。然而，他们也面临一个共同的问题，那就是如何在互联网的广袤领域中寻找深埋的宝藏。

他们认为当时已经存在的搜索引擎表现不佳，于是提出了一个更好的解决方案，并在1998年12月的一篇学术论文中详细介绍了这个方案。这一方案的核心技术被命名为“网页排名”（PageRank），而这项技术也成为他们创立谷歌公司的重要支撑。有趣的是，他们故意将单词“googol”（表示10的100次方）拼写为“Google”，并将其作为公司名称。

PageRank是一种算法，它通过其他网页链接到特定页面的数量来评估搜索结果的排名。与传统搜索引擎不同，谷歌引入了反向链接的概念，即考虑其他网站链接到目标网站的情况，而不仅仅是目标网站链接到其他网站——假设有价值的网站将会获得大量的反向链接。

谷歌的发展历程

谷歌几乎立刻成为搜索引擎的代名词。截至1999年11月，该网站每天处理着400万次搜索请求。进入千禧年，它已经发展为全球最大的搜索引擎。到了2000年6月，用户每次搜索都能够从10亿个URL中进行选择。当时，拉里·佩奇表示："谷歌的新搜索引擎拥有庞大的索引，用户可以在不到半秒的时间内搜索相当于超过70英里（约113千米）高的一堆纸的内容。"

谷歌已然占据主导地位，这一地位将持续数十年。2023年，一项由葡萄牙研究人员进行的研究分析了2000年至2020年间的5600多个搜索引擎结果页面，结果表明，谷歌向用户呈现的内容和呈现方式经历了缓慢的演变，但其核心特性保持相对稳定，同时不断引入新的元素和功能。2008年，谷歌引入了相关搜索功能，允许用户从一个搜索结果跳转到与其相关的其他领域或主题。21世纪10年代，一些搜索结果的顶部开始显示相关图像和精选的头条新闻。此外，知识面板（Knowledge Panels）和精选摘要（Featured Snippets）版块分别于2014年和2016年引入，旨在直接为用户提供问题的答案，从而减少用户点击搜索结果进入网页的必要性。尤其是类似"布拉德·皮特（Brad Pitt）多大年龄？"这样的问题，用户可以直接在搜索结果页面上找到答案。

在其首次迭代中，谷歌仅提供了10个蓝色链接，但如今它已经取得了巨大的发展。尽管如此，它并未偏离最初的愿景，也没有停滞不前。

以新闻网站这类高度可信的原始信息源为例。当这些网站发布新的信息时，其他用户会在各种论坛和社交媒体上对此进行讨论和分享。如果一个网站频繁地被其他网站引用和链接，那么它将被视为高价值网站。这种反向链接机制成了谷歌的核心竞争优势，也是谷歌后来击败所有竞争对手的关键因素。与 JumpStation 和万维网虫网站类似，谷歌也利用网络爬虫技术主动探索更广泛的互联网领域，并收集大量的网页信息。

1996 年 3 月，谷歌的网络爬虫首次启用，它的探索之旅从佩奇在斯坦福大学网站上的个人主页开始。它追踪了不同网页之间错综复杂的链接，并根据用户的搜索行为对这些页面进行重要性排名。

这次网络爬取具有重要意义。借助网络爬虫所发现的信息，谷歌于 1996 年 8 月在斯坦福大学正式推出。当时，它已经成功索引了约 3000 万个网页，并计划继续索引另外大约 3000 万个网页；它总共下载了 207 千兆字节的数据。当时这些数据占据了斯坦福大学 50% 的带宽，因此这种做法很快便难以为继。

Google.com 于 1997 年 9 月 15 日正式注册，随后成了搜索引擎永久网址的域名。谷歌公司的正式成立则要等到 1998 年 9 月 4 日。

谷歌图片搜索

在互联网年代的编年史中，有两件连衣裙成了关键时刻的标记，定义了我们的网络生活方式。其中一件连衣裙便是在 2015 年红遍网络的黑蓝（或者说是白金？）裙子。这条裙子成为一种罗夏墨迹实验（Rorschach test）[①]，用来检验人们辨别视觉诡计的能力。我们将在第五章展开详述。

另一条则是由多纳泰拉·范思哲（Donatella Versace）设计的绿色丝绸雪纺连衣裙。美国歌星詹妮弗·洛佩兹（Jennifer Lopez）曾穿着它亮相 2000 年 2 月的格莱美音乐奖。

范思哲设计的这条连衣裙十分大胆耀眼，不仅领口敞开到肚脐，长裙还开衩至腿部。这件连衣裙迅速引起了人们在互联网上的广泛讨论和关注，就像在全球各地的办公室里，员工们都会在饮水机旁热烈地讨论八卦。2000 年 2 月，许多用户在谷歌搜索“詹妮弗·洛佩兹连衣裙”，这个搜索成为截至当时谷歌有史以来最热门的搜索。但问题是，用户可以看到与这件连衣裙相关的搜索

① 根据个人对墨渍图案反应而分析个人性格的实验。

结果，但无法看到图片。

谷歌早已认识到有必要开发一个基于图像的搜索引擎，但直到洛佩兹事件发生之前，他们并未完全了解市场中积压的需求有多么巨大。为此，谷歌聘请了当时刚刚从学校毕业的新员工朱会灿（Huican Zhu）和产品经理苏珊·沃西基（Susan Wojcicki）合作开发这一工具。这款工具在 2001 年 7 月正式推出，它通过响应文本查询，从包含 2.5 亿张已索引图像的数据库中提供基于图像的搜索结果。

十年后，谷歌推出了反向图像搜索功能，允许用户上传自己的图像并查看其可能的来源地。这项功能帮助众多的“互联网侦探”揭开了许多谜团，同时也催生了开源网络情报（OSINT）行业。这一行业用途广泛，包括追溯战争的始作俑者。所有这一切都源于詹妮弗·洛佩兹。

最佳愚人节玩笑

谷歌不满足于颠覆用户的搜索方式。2004 年愚人节，谷歌将改革的目标瞄准了用户网络生活的另一个重要组成部分——电子邮件。

随着互联网逐渐走出大学计算机实验室并进入更广泛的社会领域，电子邮件地址成为在线交流的重要组成部分。起初，这些电子邮件地址通常由互联网服务提供商分发。例如，如果用户使用美国在线连接到互联网，他将获得一个 @aol.com 的电子邮件地址。以本人为例，我在 21 世纪初使用的是英国第一大因特网服务商免费服务（Freeserve），所以我的电子邮件地址是 @fsnet.co.uk。其他服务提供商提供的邮件地址也是类似的。

这种方式很有效，但它生成的电子邮箱通常会包含全名，十分冗长。此后，市场上涌现了一系列第三方网络邮件提供商，不再受限于网络连接方式，例如，微软在 1996 年 7 月推出的 Hotmail 和同年推出的主要竞争对手 Rocketmail。一年后，雅虎以 9200 万美元的价格收购了 Rocketmail，并将其更名为雅虎邮箱（Yahoo Mail）。在 Hotmail 推出后的一年半内，超过 850 万人注册了免费的 Hotmail 账户，每个账户的存储空间竟然只有 2MB。这种现象其实也不难理解：服务是免费的，但服务器的存储成本是高昂的。然而，随着互联网逐渐转向以图像和视频为主的多媒体内容，以及随着越来越多的人通过电子邮件进行互动，用户很快就发现，自己的收件箱已经容量不足。

在这种情况下，谷歌宣布公开测试名为 Gmail 的免费网络邮件服务，每位用户将获得 1000 兆字节的标准存储空间，是 Hotmail 的存储容量的 500 倍。这一新闻的发布日期恰巧是在 4 月 1 日愚人节，因此人们对此将信将疑。

Gmail 自 2001 年开始开发，它从根本上改变了电子邮件。用户无须再从收件箱中删除消息了，甚至还可以通过向自己发送大文件来释放计算机上的空间，这是云存储概念的先驱。拿我自己来说，我的谷歌邮箱总是信息爆满（目前有 314 760 封未读邮件）。Gmail 发布不久后，我就申请了一个用户名。在 2009 年 7 月之前，这个工具上一直贴着“测试版”（beta）标签，表明它仍在测试，可能会出现问题。

尽管现在 Gmail 已经成为众多大型企业和数十亿用户的电子邮件首选，但最初，人们对使用这项服务心存疑虑。这种情况简直让人难以置信，究其原因，主要还是用户担心与这个搜索引擎巨头产生潜在的联系。人们越来越认识到用户数据及我们在谷歌等科技巨头网站留下的数字足迹的重要性，在一些用户看来，允许公司窥探个人电子邮件的内容以及监控个人网络搜索的做法已经越过底线了。

没有人知道未来会发生什么。

谷歌导致埃菲尔铁塔官网崩溃

有时候会出现一些事件，这些事件不仅向人们展示了互联网的巨大力量，还会引发集体的兴趣和共鸣。通常情况下，这些事件会引起现实世界与网络世界之间快速而不安的碰撞。2015年3月，为了纪念古斯塔夫·埃菲尔（Gustave Eiffel）的伟大作品——埃菲尔铁塔建成126周年，谷歌策划了一次互联网活动，这次活动最后却成了互联网力量的最佳示例。

活动一开始还风平浪静。和以往一样，谷歌决定将位于搜索栏上方的“谷歌徽标”替换成巴黎的地标。谷歌的徽标被换成法国视觉开发师弗洛丽安·马奇斯（Floriane Marchix）的一幅艺术作品，用户一点击新图标，就会进入埃菲尔铁塔的官方网站。

问题就出现在这里。谷歌每天有数十亿用户，很多人将其视为互联网的门户。在好奇心的驱使下，很多用户点击了这个新徽标，结果导致大量的互联网流量涌入埃菲尔铁塔的官网。巨大的访问量致使埃菲尔铁塔官网崩溃。这一事件实际上是一次意外的DDoS攻击——黑客故意使用此类攻击手法来恐吓网站所有者。

对于埃菲尔铁塔来说，这可谓一份特别的生日大礼。

首个大型社交平台

在20世纪90年代末，在当时充满商业智慧的互联网浏览器领域，没有比《线车宣言》(*Cluetrain Manifesto*)更受瞩目的话题了。《线车宣言》列出了互联网改变营销的95条军规，作者们宣称：“互联网实现了人与人之间的自由对话，这一点在大众传媒时代根本无法实现。”

诚然，这种说法是正确的——但似乎有点晚。早在此之前，BBS和Usenet的成员已经进行了数十年的对话。当时，社交媒体的概念也早已司空见惯。例如，律师安德鲁·韦恩赖希（Andrew Weinreich）于1997年创立的“六度分隔”（Six Degrees）普遍被认为是第一个社交媒体平台。用户可以创建个人资料、发布朋友和家人的名单来展示他们与其他人的六度分隔联系[①]，其他用户也可以仔细查看。此外，用户还可以在自己的前三名联系人的公告栏上发布信息。在鼎盛时期，六度分隔社交平台拥有350万用户，

① 六度分隔理论是一种社会心理学理论，认为任何两个人之间的关系最多只需六个中间人就可以建立。

并在 1999 年以 1.25 亿美元的价格出售，但它最终也成了互联网泡沫破灭的受害者。

作为一位律师，韦恩赖希敏锐地嗅到自己拥有一个特别有价值的概念。于是，在六度分隔社交平台推出不久后，他迅速提交了一项有关如何开发社交网络的专利申请。专利的批准历时 4 年，最终于 2001 年 1 月 16 日获得批准。

尽管韦恩赖希已经获得了针对如何开发社交网络的概念申请了专利，但这并不妨碍其他人的尝试。其中一个社交平台是我的空间（MySpace），它于 2003 年 8 月 1 日首次在互联网亮相。

MySpace 由洛杉矶一家市场营销公司的员工开发，因其出色的营销策略而迅速走红。早期的热门用户包括北极猴子乐队（Arctic Monkeys）[①] 等多位音乐人。他们活跃在这个网站，希望吸引并建立忠实的粉丝群。

这个平台背后的推手无人不知，他就是汤姆·安德森（Tom Anderson）。每个注册 MySpace 账号的用户都必须选择自己认为最重要的八位好友，并展示在个人资料页面上。这个页面可按照用户的喜好进行自定义，还可以嵌入他们最爱的音乐。不过，安德森不希望用户感到孤独，所以当用户创建新账号时，系统会自动将汤姆·安德森添加为他们的第一个好友。

汤姆·安德森相当受欢迎，还被用户称呼为“我的空间·汤姆”（MySpace Tom）。2004 年，MySpace 成为第一个月度活跃用户达

① 2002 年在英国成立的一支独立摇滚乐队。

到 100 万的社交媒体平台。这一成就在一定程度上要归功于竞争对手在内容审核方面犯下的错误。

提拉·特基拉

交友网站 Friendster 是 MySpace 的竞争对手。2003 年，刚刚二十出头的模特提拉·特基拉（Tila Tequila）入驻 Friendster，此事轰动一时。提拉·特基拉之所以如此引人注目，是因为她不仅容貌出众、幽默风趣，还愿意在自己的个人资料页面上发布性感照片。她被公认为是最早的“网红”之一，吸引了很多男性粉丝用户前来围观。但问题是，Friendster 不喜欢特基拉发布的照片。特基拉的个人资料页面总会被系统删除，所以她每次都不得不重新建立粉丝群。五次过后，特基拉终于忍无可忍。

提拉·特基拉将自己的 4 万名粉丝带到了 MySpace，使得该网站迅速走红。一年后，传媒大亨鲁伯特·默多克（Rupert Murdoch）旗下的媒体公司新闻集团（News Corporation）以 5.8 亿美元的价格收购了 MySpace。然而，默多克进军社交媒体领域是一个代价高昂的错误：MySpace 因另一个正在兴起的竞争平台而逐渐式微。

脸书的兴起

如今一提到脸书，我们不禁会联想到过度分享、千篇一律的生活琐事更新，以及长辈们的信息和点赞轰炸。然而时光倒流至2001年9月，脸书对于当时的马克·扎克伯格（Mark Zuckerberg）来说，可有着完全不同的意义。

当时，这位十几岁的少年正在新罕布什尔州的一所寄宿学校学习，对计算机编程情有独钟。在他就读的菲利普斯埃克塞特中学有一个名为Facebook的名单，其中包括每位学生的姓名、照片、地址和电话号码。这个Facebook是学校的传统，但它当时并不存在于网络世界。然而，一名叫克里斯托弗·蒂勒里（Kristopher Tillery）的同学却有意改变这一现状。他将Facebook名单上传至网络，任何学生都能通过点击鼠标轻松获取其他学生的个人信息。

这一刻对于时年17岁的马克·扎克伯格来说永远难以忘怀。再快进两年，时间来到2003年，扎克伯格已经就读于哈佛大学，他想创建一个自认为有趣的网站，方便他的男性朋友对他们的女同学进行评分。他最终创建了一个名叫FaceMash的网站，这个网站引起的反响也是仁者见仁，智者见智。一些参与评分的男同学很喜欢这个网站，认为它很有趣，不失为一种娱乐消遣，而被评分的女同学毫无例外地不感兴趣。

多个学生群体向扎克伯格和大学提出投诉，随后，大学展开了对 FaceMash 的调查。该网站吸引了 450 人对校内女同学的照片进行了 2.2 万次投票，然而在短短两天内，网站便被关闭。

扎克伯格设法推脱了责任，声称这个网站只是一次失控的编码练习，他从未预料到这个网站会如此受欢迎。在给拉丁美洲女子问题组织（Fuerza Latina）和哈佛黑人女性协会（Association of Black Harvard Women）的信中，他写道："这只是我的无心之失。我未能考虑到网站的快速传播及由此可能引发的不良后果。我为自己可能造成的一切伤害表示诚挚的歉意。"这两个学生团体都曾对 FaceMash 提出投诉。

至今，人们仍对扎克伯格悔过的真诚性存在疑虑。尤其是考虑到他很快就邀请了爱德华多·萨维林（Eduardo Saverin）、达斯汀·莫斯科维茨（Dustin Moskovitz）和克里斯·休斯（Chris Hughes）这三位同学，在吸取了 FaceMash 的成功和失败经验之后一同创立了另一新版本的社交媒体网络，这更让人们质疑其道歉的真诚性。

这个网站于 2004 年 2 月正式上线，名为 The Facebook。扎克伯格在 2004 年 1 月就注册了这个网址域名。起初，The Facebook 仅向哈佛大学的学生开放，但是这个网站具备的独家性和创新性让它迅速走红。

这也确立了一个不同寻常的先例：人们毫不吝啬地向 The Facebook 提供大量个人数据，他们在这个网站上毫不犹豫地分享自己的真实姓名、照片、出生日期、情感状况、兴趣爱好，甚至课程表等信息。这一现象甚至令创始人感到不解。在一次与朋友的在线聊天中，扎克伯格对此表示了困惑：

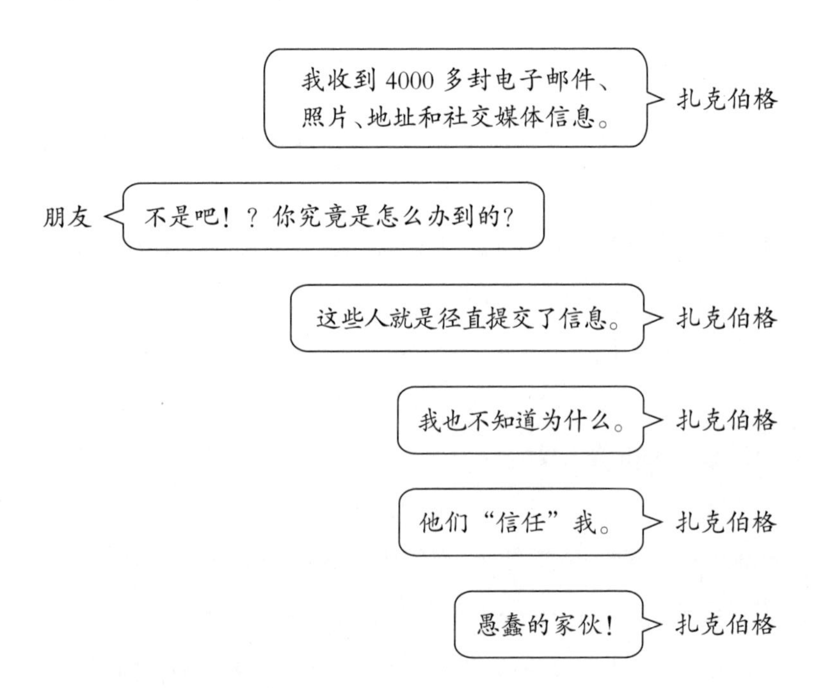

2004 年 6 月，The Facebook 已经扩展至哈佛大学以外的 34 所大学，吸引了 25 万名用户。在线支付平台贝宝（PayPal）的联合创始人彼得·蒂尔（Peter Thiel）在 2004 年 8 月向它注资 50 万美元。截至 2004 年底，这个网站的用户数量已经达到了 100 万，普通用户平均每天登录 4 次。这些数字引起了其他投资者的兴趣。2005 年 1 月，《华盛顿邮报》（*Washington Post*）提出购买 The Facebook 的股份；扎克伯格犹豫了片刻，然后拒绝了他们的提议。

这家美国最大、最老的报纸，并非唯一对 The Facebook 表示兴趣的机构。2005 年，The Facebook 简称为“Facebook”。截至 2005 年底，脸书已经扩展至美国以外的大学和高中，每月活跃用户到达 600 万。2006 年，该网站向年满 13 岁以上的用户开放，这一政策延续至今。2006 年，昔日 Web 1.0 时代的互联网巨头雅虎提出以 10 亿美元的价格全面收购脸书，遭到扎克伯格的拒绝。

事实证明，这是一个明智的决定。如今，脸书（后更名为 Meta）的市值已达到 4900 亿美元。

信息流

为了充分利用受欢迎的平台，吸引用户反复回访，脸书在2006年9月5日进行了一项重大变革。在那之前，用户必须主动访问朋友和联系人的个人资料页面才能获取相关信息，相当于亲自前往朋友家，敲门并等待朋友开门邀请入内。

信息流功能（News Feed）的发布改变了这一情况。为了保持用户的持续参与，扎克伯格提出了这个伟大的创新。这个功能可以将源源不断的信息呈现给用户，无须他们亲自搜索。它为用户提供朋友的最新信息，包括恋爱状态的变化、个人资料的更新及新上传或被标记的照片，不再需要用户主动查看。

扎克伯格和整个公司并没有将更新的情况——脸书在2006年9月那一天迎来最重大的改变——提前告知用户，相反，他们将用户自动迁移到了新系统。用户看到了信息流功能的简要描述，然后被要求点击一个按钮。不过，这个按钮并没有提供“是，我想要”或“不，我不想要”的选项，而只是简单地写着“太棒了”（Awesome）。

脸书用户对此表示不满，每100名用户就有7名加入了专门反对这一变化的脸书群组。用户尤其担心的是：他们之前认为相对私密的信息，原本只在自己的互联网领地“围墙”内传播，现在却要向所有与他们建立联系的用户公开。不到 24 小时，扎克伯格发布了一份似是而非的道歉声明，标题为《冷静下来。深呼吸。我们听到了》（“Calm Down. Breathe. We Hear You.”）。这份声明试图向用户保证，用户的隐私设置实际上并没有发生任何改变。

在这份声明中，公司对用户的委屈情绪表示了遗憾，但它并没有任何悔意。它强调，公司坚信自己更清楚形势，不会改变发展方向。类似的公关信息后来也出现了很多次。拿最近发生的例子来说，用户对 Instagram 增加多个短视频功能表达了强烈不满，认为这会削弱这款照片分享应用的吸引力。值得一提的是，当时 Instagram 已经被 Meta 公司收购。Instagram 的 CEO 发布了一段视频，表示他理解人们的不满情绪，但坚称公司决定改变是正确的。

脸书改变互联网的互动方式：API 和开心农场游戏

脸书发布的信息流功能不仅改变了用户的内容消费方式，而且就在同一年，它还积极引领了用户与脸书及互联网的互动方式。

应用程序编程接口（API）大致诞生于互联网的早期发展阶段。这个术语最早于 1968 年出现在一篇名为《远程计算机制图的数据结构和技术》（*Data structures and techniques for remote computer graphics*）的学术论文中。在 2000 年的互联网时代，计算机科学家罗伊·菲尔丁（Roy Fielding）进一步发展了这一概念。菲尔丁的博士论文引入了一种软件架构方式，对互联网的运作方式进行标准化，让不同服务实现更加便捷的交互。

API 是互联网生态系统的关键组成部分，它们允许不同的软件元素之间协作和相互通信，就像神经元在生物体内传递信号以协调不同身体部分的功能一样。脸书的 API 设计就像争夺领地一样，各方争相占领有利位置以获得更多的优势和便利。在这种情况下，API 让用户与第三方服务之间的互动更加无缝，也让第三方服务更容易在脸书上开展。

计算机软件开发人员可以利用脸书 API 来创建与脸书平台集成的应用程序。这是一种交换：用户可以在脸书上使用开发人员提供的便捷应用程序；而开发人员则可以访问用户的脸书数据，比如这些用户属于哪些群体，或者在脸书平台上与谁建立了社交关系。

许多公司在多年前就已经采用了 API，包括照片分享网站 Flickr、在线拍卖平台易趣及全球综合商店亚马逊。2006 年，脸书及其主要竞争对手推特同时推出了自己的 API，而谷歌也开始利用其存储的大量用户信息来开发 API。然而在这些公司中，脸书 API 一直处于领先地位。

截至 2007 年 11 月，已经有超过 7000 款应用程序在脸书平台上开发并使用了脸书 API，而且每天还有约 100 款应用的新增。这些应用程序包括各种测验和游戏，有些具备实际功能，有些具备娱乐功能。

开心农场（Farmville）就是一款娱乐应用程序，它是由圣马特奥市一家社交游戏开发公司星佳（Zynga）设计的游戏，于 2009 年 6 月在脸书上推出。玩家可以在游戏中照料庄稼，积累经验和积分用于建造更多的农场设备。此外，玩家也可以利用脸书 API，拜访脸书好友拥有的农场，帮助好友耕种田地，从而获得额外积分。

2010 年 3 月，开心农场的用户达到了 3450 万人，这相当于每 12 个脸书活跃用户中就有一人在玩这款游戏。在虚拟农田里照顾农作物成了一种现象，而这一现象的实现离不开 API 的支持。

2012 年 2 月，脸书进行了 IPO，从购买股票的投资者那里筹集了160亿美元，市值达到1024亿美元，几乎是谷歌于2004年IPO时市值的54倍。

剑桥分析丑闻

然而，在不同时代和不同情境下，API 却引发了一场风波，一度威胁到脸书这家上市公司的生存和声誉。

2013 年，当脸书上市并蒸蒸日上的时候，一位名叫亚历山大·科根（Aleksandr Kogan）的数据科学家利用脸书 API 研发出了应用程序"这就是你的数字生活"（This Is Your Digital Life）。和其他基于脸书 API 构建的应用程序一样，"这就是你的数字生活"是一款性格测试应用程序，可以深入剖析用户的内心并告诉用户其性格特点，尽管结果可能缺乏实际的证据或数据支持。为此，用户需要回答一系列关于他们心理特征的问题。

利用脸书 API 开发的应用程序有很多，但是"这就是你的数字生活"有自己的独特之处：其用户并不是无偿提供信息的。在脸书个人资料页面安装这个应用程序并参加测试的用户达到了 30 万，每个人都收到了一笔费用。作为回报，用户需要为科根所在的公司提供自己的生活信息。该公司告诉用户，这是一项学术调查，收集到的数据将只用于学术研究。

然而，该公司最终收集到的数据规模却远远超出了 30 万人。

科根的应用程序不仅为收到报酬的用户建立了详细的心理特征档案，还顺带搜集了所有与这些人有关联的其他用户数据。结果，整个过程一共收集了8700万人的数据，重要的是，根据脸书当时的隐私条款，未经允许从用户的脸书好友处收集数据并不违法——脸书直到2014年才将这个漏洞修复。

虽然这些数据不是通过主动调查收集来的，因此细节相对较少，但它们仍然包含了相当多的信息。当时，脸书允许用户在平台上分享各种兴趣爱好，包括喜欢的奶酪种类、喜爱的电视节目和电影，以及社交和政治议题的群组讨论。

脸书的用户信息可以用于精确的广告定位，这一潜力让科根等人感到十分着迷。

脸书建立了庞大的广告业务，允许广告商以非常精准的方式将品牌信息传递给用户。举例来说，如果一家时尚品牌希望将广告瞄准中年离婚女性这一具体人群，他们可以在脸书上进行有针对性的广告投放。政治家们也认识到了这个潜力，并开始将这种精准广告投放方法应用于政治宣传。

咨询公司剑桥分析（Cambridge Analytica）与科根达成了合作，将科根搜集到的数据集出售给不同类型的企业机构。剑桥分析公司声称，这些数据对于在脸书上实现精准广告投放非常有帮助，因为它们可以帮助企业确定用户关注的话题和他们的愿望。剑桥分析公司声称，自己拥有几十万使用“这就是你的数字生活”应用的用户详细数据，每位用户都包含大约5000个数据点。对于试图争取选民支持的政治家来说，这些数据简直就如同一座金山。

一系列的曝光事件

显然，剑桥分析公司丑闻对 Facebook 的声誉造成了伤害，但这并不是科技巨头第一次受到责难。

2013 年 6 月，英国《卫报》（*Guardian*）和美国《华盛顿邮报》先后发表了一系列报道，披露了一系列由美国国家安全局承包商的前员工爱德华·斯诺登（Edward Snowden）泄露的文件内容。这些文件包含在一组共 41 张的幻灯片中。

斯诺登泄露的信息揭示了美国政府通过棱镜（PRISM）计划大规模地从多家科技公司收集数据的情况，包括微软、YouTube、苹果、Skype 和美国在线。棱镜计划允许情报机构通过特殊设计的“后门”访问用户数据，以便于间谍监视通过这些科技公司的服务器传输的互联网流量。过去，人们以为自己在使用主要网络服务时不受监控，但是这一曝光不仅彻底打破了人们的幻想，还推动了信号（Signal）等端到端加密工具的发展。

端到端加密工具可以解决棱镜计划带来的问题，但斯诺登不仅揭示了棱镜计划的存在，还披露了其他一些监控活动，包括海底互联网通信电缆的“上游”窃听以及对电缆进行物理侵入以窃取数据。这些监控活动更加防不胜防。就在曝光棱镜计划后不久，斯诺登在接受新闻机构采访时公开了自己的身份。当他逃到莫斯科谢列梅捷沃机场时，美国取消了他的护照。这名爆料者被永远地困在了俄罗斯。

在美国2016年总统大选中，剑桥分析公司为特德·克鲁兹（Ted Cruz）和唐纳德·特朗普（Donald Trump）提供了数据支持。结果如我们所知，唐纳德·特朗普成功当选。

2018年3月，英国《观察家报》（*Observer*）和美国《纽约时报》披露了关于利用用户心理特征档案谋取政治利益的报道，这起报道的爆料者是剑桥分析公司的前员工克里斯托弗·怀利（Christopher Wylie）。据称，他对公司涉嫌左右2016年美国总统大选结果的所作所为感到失望。脸书所拥有的强大影响力让全球各地的用户感到震惊，尤其是它对用户的担忧了如指掌，而且还有可能从理论上摆布用户在现实生活中的兴趣。

脸书的股价因股票交易商纷纷抛售而下跌了10%。包括马克·扎克伯格在内的公司高管被传唤到政治调查会议上，被要求对这起事件做出解释。在2018年4月的美国参议院会议上，扎克伯格表示："我们一直在努力了解剑桥分析公司发生的事件的确切情况，并采取措施，确保类似事件不会再发生。"然而即便再没有类似事件发生，已经造成的伤害也无法挽回：脸书和剑桥分析公司的名字将永远与不光彩的事件联系在一起，蒙受耻辱。事实民主项目（Factual Democracy Project）在2018年3月发起的一项调查显示，仅有四分之一的美国人对马克·扎克伯格不反感。

更名为 Meta

脸书在 2021 年 10 月改名为“元”（Meta）。虽然有人可能会认为，这是企图摆脱与剑桥分析丑闻的联系，但实际上，该公司决定更名的主要原因与此无关。这一举措的背后有其他重要动机。

马克·扎克伯格一直怀抱着更远大的愿景，认为他的公司绝不仅仅是一个普通的社交网站。他坚信，这家公司可以成为科技领域的巨头，在多个方面深刻地改变我们的生活。事实上，他认为自己的公司可以为人类未来的数字生活构建重要的基础设施，就像早期万维网和互联网的奠基人帮助塑造了我们今天的生活方式一样。

扎克伯格认为，随着更强大、更高性能的科技硬件，以及更快速、更流畅的互联网连接的普及，我们会更依赖数字技术和在线平台来处理日常生活的不同方面，而自 2020 年开始的新冠病毒大流行，导致全球很多地区不得不将生活迁移到在线平台上，也就是说，如果扎克伯格要实现前述愿景，他可能不会遇到太多抵抗或障碍。

马克·扎克伯格预期：在新冠病毒流行之后，人们会更多地融入数字世界，生活将更依赖数字化和在线平台，因此他愿意投入资金和声誉来实现这一愿景。他认为，这是未来的趋势，他希望将脸书的旗帜插在这个新的数字领域上，但他觉得脸书这个名字不再合适公司在数字世界里更广泛的发展方向。

2021 年 10 月，马克・扎克伯格描绘了他对未来的愿景。脸书将更名为 Meta，继续运营其一系列应用和平台，同时将全力发展元宇宙（详见第六章）。他认为，元宇宙将会成为一个融合了生活、工作和娱乐的数字化环境。他对元宇宙的前景充满信心，以至于愿意将整个公司更名为 Meta，以展现自己对这一愿景的坚定信念。

Instagram

将公司的名字从脸书改为 Meta，不仅更好地反映了马克·扎克伯格发展元宇宙的愿景，也更贴切地体现了公司的庞大规模。因为在过去十年中，脸书公司其实早已不再仅仅是脸书这一个平台。

Meta 公开发布了公司当前有关“Meta 应用程序系列”用户基数的报告。原始的脸书网站和应用每天有 20 亿用户登录，每月大概有 30 亿用户登录；而 Meta 旗下的各种应用程序一共拥有 30 亿日活跃用户，每月有 37.4 亿人使用。

Meta 公司的用户数量得益于另外两款重要应用：WhatsApp 和 Instagram。

Instagram 是一款照片分享应用，最初由凯文·斯特罗姆（Kevin Systrom）和迈克·克里格（Mike Krieger）于 2010 年创建。2012 年 4 月，脸书以 10 亿美元的价格收购了 Instagram，将其并入旗下的应用程序系列。乍看之下。脸书将 Instagram 并入旗下，就像是把水和油混合在一起。当时脸书已经存在了 8 年，而且它的用户年龄逐渐上升，这使它不再像当初那样受到年轻学生的追捧——学生会在平台上分享各种逸闻趣事。相反，脸书成了一些尴尬的大叔过度分享生活琐事的地方。

相比之下，Instagram 是一款时髦的应用。Instagram 的原名是波本（Burbn），最初由谷歌的前员工斯特罗姆开发，允许用户打卡各种酒吧，并在应用上分享自己的饮品照片。很快，Burbn 更名为 Instagram，其理念也随之改变；但是，这款应用仍保留了照片分享的核心地位。Instagram 的初衷是为用户提供一个轻松分享照片的平台，使他们能够像发送电报一样传送自己的即时照片。

2010 年 7 月 16 日，克里格在旧金山南滩港口的餐馆“38 号码头”发布了第一张 Instagram 照片；4 小时后，斯特罗姆也发布了自己的第一张照片，也就是这款应用的第二张照片。这是一张宠物狗的照片，倒也十分符合互联网传统——人们喜欢在社交媒体上分享可爱的宠物照片。在正式发布前，Instagram 经过数月的测试，最终于 2010 年 10 月在苹果应用商店（App Store）上线。到了圣诞节，它已经拥有了 100 万用户；一年后，其用户数量增长到了 1000 万。

直到 2012 年 4 月也就是脸书收购 Instagram 的前一周，Instagram 才推出安卓版本的应用程序。但对于 Instagram 来说，这一点根本不重要。Instagram 仍然保持着其独一无二和令人向往的形象。在完成收购后，扎克伯格承诺会好好地“独立运营和发展 Instagram”。

扎克伯格的承诺对 Instagram 的联合创始人而言十分重要，他们希望保持这个应用的独特性。但遗憾的是，这个承诺没有兑现。2013 年 11 月，Instagram 开始引入广告，此时距离它被脸书收购还不到 18 个月。几年后，Instagram 进行了重新设计。新版本的应用鼓励用户将他们的脸书、Instagram 和 WhatsApp 账户捆绑在一起。截至 2018 年 9 月，Instagram 的两位联合创始人都已经宣布离职。虽然他们的离职声明没有公开批评脸书或扎克伯格对公司的过多干预，但读者可以自行“脑补”这些信息。斯特罗姆和克里格计划“休息一段时间，重新探索我们的好奇心和创造力”。

WhatsApp

脸书做出收购 WhatsApp 的决策，不仅仅是因为马克·扎克伯格认为自己需要跟上新一代的趋势，更重要的是此前脸书收购的许多公司为他的这个决定提供了“硬”数据。2013 年 10 月，脸书收购了以色列的智能手机分析公司 Onavo。Onavo 这个应用程序在用户的手机上运行，并秘密地收集关于用户如何打开和使用其他应用程序的数据。

Onavo 的收购价大约是 1.15 亿美元，该公司的领导层都加入了脸书。几周后，扎克伯格就开始要求 Onavo 提供关于用户如何与 WhatsApp 互动的数据。

2009 年初，两名雅虎前员工布莱恩·阿克顿（Brian Acton）和简恩·蔻姆（Jan Koum）联合创建了 WhatsApp。最初，WhatsApp 可以帮助用户迅速了解智能手机通讯录中的联系人。用户可以在应用中更新自己的状态，比如正在健身房或正在喝咖啡。一切在 2009 年 6 月发生了变化：当时，苹果推出了推送通知，主动通知用户有关手机应用程序的更改。蔻姆马上意识到，自己可以利用苹果的这个新功能来开发一款免费的应用程序，用于替代传统的短信服务。WhatsApp 的新版本于 2009 年 8 月发布，用户迅速增加到 25 万。

截至 2013 年底，WhatsApp 已经成为世界上最大的即时通信应用，超过了脸书旗下的同名服务。根据 Onavo 的数据，WhatsApp 拥有 4 亿用户，每天发送 122 亿条消息，比在脸书上发出的消息还要多出 5 亿条。

扎克伯格渴望分一杯羹。2014 年 2 月，脸书宣布以高达 190 亿美元的天文数字收购 WhatsApp。与 Instagram 的创始人斯特罗姆和克里格一样，WhatsApp 的创始人阿克顿和蔻姆最终也离开了脸书，原因是脸书希望使用 WhatsApp 的数据来向用户推送定向广告。2017 年，阿克顿离开了公司，后来在剑桥分析公司丑闻爆发时，他发布推文呼吁人们应该“删除脸书”（#deletefacebook）。

蔻姆的离职时间比阿克顿晚一点，是在 2018 年。当他离开这家由他共同创立的公司时，他接受了记者的采访，总结了自己在公司的最后几年。“我出售了我的用户信息，”阿克顿说道，“我做出了选择和妥协，每天都备受煎熬。”

推特

如果将脸书比喻为数字世界中的一场社交聚会，那么推特——正如其现任所有者埃隆·马斯克（Elon Musk）所形容的——就像互联网“名副其实的公共广场”。

尽管现在推特已经成为互联网上的重要公共平台，但最初，它只是一名不满于现状的工程师在闲暇时启动的副业项目。如此不起眼的起步与其后的发展形成了明显的反差。

2005年，杰克·多尔西（Jack Dorsey）在一家播客公司奥德奥（Odeo）工作。该公司于2004年由谷歌前员工埃文·威廉姆斯和比兹·斯通（Biz Stone）携手第三位联合创始人诺阿·格拉斯（Noah Glass）创立。奥德奥提供了一套工具，供播客播主创建和发布自己的节目，同时也为听众提供搜索服务。然而，奥德奥面临着一项严重挑战：一家重量级竞争对手即将与其展开猛烈竞争。

2005年，苹果宣布将播客纳入自己的音乐搜索和播放软件iTunes。苹果的行动对于奥德奥来说是极具竞争力和威胁性的，相当于一家小规模的企业（小型汉堡店）得知一家大型竞争对手（麦当劳）即将在附近开设分店。奥德奥管理层明白他们大限将至，因此决定改变公司战略。他们向员工征询意见，寻找是否有任何副业项目可作为转型的希望。

杰克·多尔西提出了一个新点子：他正在开发一款短信服务，允许用户用文本消息向朋友发布更新。这个概念堪称巧妙，且比脸书后来推出的自我推广式的状态更新功能早了一年。由于短信服务限制，这些消息内容被限定在 140 个字符以内。

奥德奥团队十分认可这个想法。格拉斯提出将产品命名为 Twttr，模仿鸟类相互交流时发出的啾啁声（twitter）。值得一提的是，在 2005 年左右，科技公司一度流行把品牌名称中的元音字母（a、e、i、o、u）删掉。

Twttr 于 2006 年 3 月 21 日正式上线，由多尔西发布了首条平台消息：

> 刚刚设置好我的 twttr 账号

除了诺阿·格拉斯，奥德奥的其他创始人买断了奥德奥公司的股份，并于 2007 年 4 月成立了独立公司推特（Twitter）。当时，推特已经成为科技圈的热门新产品，这要归功于 2007 年 3 月举办的西南偏南音乐节（South by Southwest）[①] 对这一工具的大力推广。

推特是杰克·多尔西的智慧结晶，因此他当仁不让地成为平

① 西南偏南是美国得克萨斯州奥斯汀举行的电影、互动式多媒体和音乐艺术节大会，始于 1987 年，规模逐年扩大。

台的首位CEO。2009年，推特用户数量出现了惊人的增长，增长率高达1300%，这在一定程度上要归功于好莱坞演员阿什顿·库彻（Ashton Kutcher）在其早期阶段的积极支持。库彻是一个拥有百万粉丝的推特用户。然而，推特之所以能够迅速壮大，不仅得益于好莱坞的助力，纽约也发挥了关键作用。

迫降在哈德孙河上的飞机

切斯利·“萨利”·萨伦伯格(Chesley ‘Sully’ Sullenberger)是一名拥有29年飞行生涯的资深飞行员，他的飞行时间累计接近2万小时。2009年1月15日是他在全美航空公司（US Airways）的又一个普通的工作日。当天，他执飞全美航空公司1549号航班，该航班的路线首先从纽约市的拉瓜迪亚机场飞往北卡罗来纳州的夏洛特，然后继续前往华盛顿州的西雅图。

萨利这一趟航班并没有飞多远。起飞不久，大约在下午3:25，一群正在迁徙的加拿大黑雁撞上了飞机。雁鸟的尸体被卷入飞机引擎，导致两台引擎停止运转。萨利紧急向拉瓜迪亚机场的空中交通管制塔台发出遇险信号，塔台建议他返回并降落在拉瓜迪亚机场。然而，萨利机长很快意识到这是不太可能的。

在紧急情况下，萨利尝试了一项几乎不可能的任务：将飞机安全降落在纽约哈德孙河上。下午3:31，飞机成功地在河面上滑行，最终缓慢漂浮并停了下来。乘客们紧急使用充气滑梯作为救生筏。同时，有人使用智能手机在推特上发布了一张照片。

突发新闻

萨利机长成功地将飞机降落在哈德孙河，这一事件成为推特首次作为突发新闻资源的杰出范例。与此事件相关的照片被上传到了第三方工具推特图片（TwitPic）[①] 上，然后通过推特传播。这张照片在推特上的广泛传播甚至导致 TwitPic 的服务器崩溃。在此之后，每当全球发生重大事件时，推特迅速成为人们获取最新信息的主要渠道。例如，2010 年海地发生地震时，消息通过推特迅速传遍了全世界。

此外，推特也曾见证过全球最臭名昭著的恐怖分子的死亡。虽然推特的历史上有过许多令人难以忘怀的时刻，但鲜有像苏哈比·阿塔尔（Sohaib Athar）在 2011 年 5 月 2 日凌晨发布的推文那样具有重大意义。阿塔尔是一名居住在巴基斯坦阿伯塔巴德的软件工程师。当天凌晨 1 点左右，正坐在电脑前工作的他，听到了直升机旋翼桨叶清晰的嗡嗡声。

---

① TwitPic 是一个允许用户通过推特分享图片的在线服务。用户可以通过电子邮件、手机或 Twitpic 网站上传图片，并将图片链接发布到推特上。

阿塔尔采取的行动确实异于常人——他把消息发布到了网络上。然而，这个举动却让他意外记录下了一个令人难以忘怀的全球历史性时刻——美国海豹突击队发起行动，击毙了乌萨马·本·拉丹（Osama Bin Laden）。

阿塔尔当时并不知情；他只是发帖说：

> 凌晨 1 点，一架直升机在阿伯塔巴德上空盘旋（这实属罕见）。

随后，他又听到了一连串巨响，便连续在推特上更新了好几条信息。这一系列推文竟然被载入史册，这一切离不开推特，也离不开阿塔尔的好奇心。

2013 年 9 月，推特成功上市，市值高达 310 亿美元。2016 年 3 月，推特引入了排序算法，这意味着推文的显示顺序将由推特的算法决定，而不再是简单地按照发布时间的先后。2017 年，该社交媒体平台将推文字数上限从 140 个字符增至 280 个字符。尽管一些批评人士担心这一变革可能会损害平台的本质，但情况恰恰相反，推特在 2017 年第四季度首次实现了盈利。

当时，推特每月吸引了 3.3 亿用户登录，被誉为关键决策者的汇聚之地，记者与政治家、政策制定者和商界人士济济一堂，其中包括埃隆·马斯克。

慢慢领会：埃隆·马斯克收购推特

正如我们目前已知的，推特在 2016 年协助推动唐纳德·特朗普入主白宫，同时在全球传播右翼思想。然而，那些最有可能支持特朗普和传播保守观点的人，却常常抱怨该平台对他们存在偏见。

导致情况进一步恶化的导火索是特朗普的推特账号在 2021 年 1 月被永久停用，原因是他试图在该平台上煽动革命，推翻 2020 年美国总统选举的合法获胜者乔·拜登（Joe Biden）。特朗普的支持者认为，这一事件表明推特愿意出面干预并压制保守派的声音。

有一些人担心推特平台偏袒自由主义观点，也就是偏向自由、进步或左派政治观点，其中包括南非企业家、特斯拉 CEO 和太空探索技术公司（SpaceX）创始人埃隆·马斯克。

马斯克在 2022 年 1 月开始购买推特股份，截至同年 4 月，他已经拥有该公司 9.1% 的股权。4 月 14 日，马斯克宣布了他对推特的股权并发起了一场敌意收购。他表示，为了造福社会，推特这个平台必须恢复平衡。他强调，此次收购是为了恢复推特上的言论自由，让人们能够自由地表达自己的观点和意见。

推特最初并没有同意这起收购，然而就在马斯克决定放弃收购这个平台的时候，推特却又接受了。2022 年夏季，马斯克本打算退出交易，推特却采取了法律行动，强制马斯克继续履行原计划的 440 亿美元收购协议。但是这个案件并没有进入审判程序，2022 年 10 月 27 日，马斯克双手抱着一个沉重的水槽（sink）走进了推特的旧金山总部，对着入口处的摄像机笑得合不拢嘴。后来，他把这段视频发到了推特上。

马斯克的这番行为影射了一个老掉牙的双关语。他在推文上写道：

> 进入推特总部。都慢慢领会吧！（Entering Twitter HQ – let that sink in!）

——这是马斯克向竞争对手发出的一个明确信号，表明局势即将发生变化。他解雇了之前的管理团队，自己接任 CEO。

变化来势汹汹，马斯克迅速解雇了数千名推特员工和合同工，将 8000 多名员工的团队裁减至不足 2000 人。被无情解雇的人还包括推特内容审核和工程团队的核心成员。

马斯克对推特提出了新功能要求，但由于剩下的员工缺乏关于平台如何运行的大量知识积累，因此平台难以保持平稳运行。整个 2023 年，推特一直受到各种故障的困扰，其中一些故障甚至影响了用户正常发布推文的功能。马斯克承诺，一旦自己找到一个“愚蠢到”愿意接下有毒圣杯[①]的人，他就会辞去推特 CEO 的职务。

---

① 出自莎士比亚《麦克白》，比喻非常诱人但是有害的东西。

截至2023年年中，推特的发展史均有据可查。它的现状很不稳定，未来也充满了不确定性。推特近在眼前的重大挑战来自Meta开发的应用程序“Threads”。这款应用程序于2023年7月发布，看起来与推特十分相似，现已更名为X。仅仅一周的时间，它就成功吸引了1亿用户，成为增长最快的应用程序之一。

社区论坛红迪网

自诩为“互联网入口”的红迪网（Reddit）如今是全球访问量第十的网站，月访问量将近50亿次。然而早在2005年创立时，红迪网并非创始人的首选，而是他们的第二选择——第一个创意失败后的不得已之选。

史蒂夫·霍夫曼（Steve Huffman）和亚历克西斯·奥哈尼安（Alexis Ohanian）是一对大学舍友。他们二人在2005年申请硅谷顶级创业孵化器Y Combinator的支持，项目名称是“我的移动菜单”（My Mobile Menu）。他们希望通过这个项目，革新用户的订餐方式——用户可以通过手机短信订餐。然而，这一概念并未获得Y Combinator的支持。

随后，两人提出了红迪网的创意。这是一个信息聚合和讨论平台，用户可以在这里分享和评论从互联网上收集的链接和其他多媒体帖子。网站根据不同主题，划分为多个子论坛，最受欢迎的子论坛包括一些“不适合上班时间浏览”的内容，如成人内容等。

红迪网的理念比“我的移动菜单”更加成熟。它是思考者的网络精粹，就像一张报纸头版，精练地总结了互联网世界的每日要闻。该平台于 2005 年 6 月正式上线。

不过，红迪网没有一下子成功。由于注册用户很少，霍夫曼和奥哈尼安甚至觉得这个网站犹如一座“鬼城”。于是，他们俩创建了虚假的个人资料并提交链接。霍夫曼后来回忆道：“这立刻让整个网站焕发了生机。”

红迪网的规模不断发展壮大。2006 年 10 月，《连线》杂志和美国《绅士季刊》（*GQ*）背后的杂志出版商康泰纳仕出版集团（Condé Nast Publications）以逾 1000 万美元的价格收购了红迪网。这个消息不免让人松了一口气。但是，红迪网之所以成功，并不是因为它获得了投资，而在于其社区力量。红迪网的论坛版主们自愿牺牲自己的个人时间，致力于维护网站的良好风气，在一定程度上确保网站不被滥用。一项学术分析显示，论坛版主们每年提供了价值高达 340 万美元的无偿劳动，约占该网站年总收入的 25%。但是，红迪网与其社区之间的关系并不总是和谐的。2023 年夏季，由于一些用户对红迪网的某些更改感到不满，许多热门的子论坛采取全站封锁以示抗议。尽管存在这些问题，红迪网仍然是在线体验的重要组成部分。

网络电话 Skype

许多现代互联网工具和技术的发展起初可能与盗版有关，互联网通信工具也不例外。2001 年，瑞典计算机程序员尼克拉斯·森斯特伦（Niklas Zennström）和丹麦计算机程序员雅努斯·弗里斯（Janus Friis）共同开发了卡扎（KaZaA），这是一种类似纳普斯特的点对点文件共享程序。森斯特伦和弗里斯对 KaZaA 寄予厚望，希望他们的平台能够成为新兴文件共享领域的合法竞争对手。然而，KaZaA 平台被非法内容充斥，最终导致创始人卷入法律纠纷。由于这些法律纠纷，他们迅速将该平台卖给了愿意处理相关案件的买家，并用获得的现金开发了另一个以通信为重点的平台。

Skype 于 2003 年 8 月诞生，采用了一项名为基于 IP 的语音传输（VoIP）的新技术，从根本上取消了对电话的依赖。借助 Skype，用户可以通过互联网拨打电话。由于无须使用电话线路，国际长途通话费用大大降低。至 2003 年 10 月，Skype 的并发用户已达到 10 万。一年后，这一数字涨至 100 万。

Skype 引起了在线拍卖巨头易趣的注意，它于 2005 年 9 月以高达 26 亿美元的价格收购了 Skype。后来证明，这宗交易对于易趣而言是十分划算的：2011 年 5 月，微软以 85 亿美元的价格从易趣手里收购了 Skype。截至 2012 年 1 月，Skype 占据了全球四分之一的国际通话市场；截至同年 6 月，每个月有 2.5 亿人使用 Skype。Skype 改变了世界，为后来的视频通话平台（如 Zoom）奠定了基础。在因新冠病毒流行而封锁城市期间，这些平台成了我们日常生活的一部分。Skype 体现了互联网的两个核心价值主张：让世界更小，让连接更近。

聊天软件 Discord

但是现在，Skype 在年青一代用户中的流行度下降，而 Discord 等其他更专业的通信平台变得更受欢迎了。如果说 Skype 是父辈们会怀念的早期互联网通信工具，那么 Discord 则是子辈们正在使用的工具。

Discord 是一款面向狂热游戏玩家的聊天软件，由游戏行业资深人士詹森·塞特罗恩（Jason Citron）和斯坦尼斯拉夫·维什涅夫斯基（Stanislav Vishnevskiy）在 2015 年 5 月推出。以《英雄联盟》（*League of Legends*）等复杂的团队游戏为例，玩家们通常需要在游戏过程中讨论战术，互相协作以击败对手团队。这个过程的实现存在挑战性，因为使用现有的聊天和通信应用会严重消耗资源、降低游戏速度，进一步加剧沟通不畅的问题，最终导致团队输掉比赛。

Discord 以“轻量化”特性而著称，它既不占用大量计算机处理资源，又拥有强大的功能。2016 年 1 月，Discord 成功融资 2000 万美元；大约三年后，它再次融资 1.5 亿美元，公司估值达到 20 亿美元。2021 年，Discord 的市值已飙升至 150 亿美元，并从游戏领域通信工具扩展为更广泛领域的通信平台。生成式人工智能工具也可以在 Discord 上运行，例如 AI 绘画工具 Midjourney，这个领域同样拥有广泛的用户基础。

2024 年 4 月，一名 21 岁的国民警卫队成员杰克·特谢拉（Jack Teixeira）被指控在 2022 年末至 2023 年初期间，在聊天群“恶棍混合器中心”（Thug Shaker Central）向他的朋友泄露了大量美国军方的机密文件。Discord 平台上有很多不同的社交社区，它们都托管在 Discord 的服务器上，其中一些对所有人开放，另一些则需要邀请才能加入。“恶棍混合器中心”是一个邀请制聊天群，用户约有 20~30 人，全部都是青少年或年轻人。因此，当化名 OG 的特谢拉在群组里分享那些文件时，这群年轻的用户根本没有认识到这种行为的严重性。最初，这些文件只在这些用户之间共享，但很快它们就被传播到了 Discord 平台的其他群组里，而 Discord 拥有超过 1.5 亿用户。随后，这些文件进一步传播到了更广泛的互联网上。杰克·特谢拉因涉嫌“未经授权地删除、保留和传输危及国家安全的机密信息”而被逮捕并拘留；2023 年 6 月，特谢拉被正式起诉；一周后，他提出无罪抗辩。

网络视频

如今，YouTube 已经成为网络视频的代名词。这就好比西方家庭常常用“hoovering”一词来形容吸尘清扫，尽管他们未必都使用胡佛牌（Hoover）吸尘器；又或者如果有人想搜索某个话题的信息时，常常用“谷歌一下”来表示搜索行为，尽管他们未必使用谷歌开发的搜索引擎。类似地，每当人们想观看网络视频时，几乎总会想到 YouTube 的红白色播放键。

但是，YouTube 并非从一开始就是网络视频的代名词。

在 YouTube 出现之前，市场上还存在其他的竞争对手，其中不少创立于 2003—2005 年。它们充分抓住高速互联网连接兴起的机会，开始为一些富有且精通技术的用户提供家庭互联网连接服务。

2003 年，一群以色列企业家联合创办了在线视频网站 Metacafe；2004 年底，视频分享网站 Vimeo 推出，成为一个面向独立电影制作者的平台；与此同时，视频共享网站 Grouper 也进入市场，将视频、照片和音乐集成到统一的平台上。网络视频领域的迅猛发展促使了该领域的首次会议——微录主展会（Vloggercon），这次会议的有关资料目前还可以在互联网档案馆（Internet Archive）上找到（详见第五章）。

2005年1月22日，微录主展会在百老汇大街721号4楼的纽约大学交互式通信项目（Interactive Telecommunications Program）[①]办公室举行。这个会议吸引了一群携带摄像机的业余爱好者齐聚一堂，讨论网络视频的潜力。在互联网的这个小圈子里，消息不胫而走。杰伊·戴德曼（Jay Dedman）是微录主展会的幕后推手之一，他在会议前曾谦虚地分享道："这场亲密聚会已经悄然演变为一场盛事。"

毋庸置疑，网络视频领域充满活力，未来可能对各个领域产生重要影响。因此，正成为互联网巨头的谷歌在微录主展会召开三天后，便决定进军这个领域。

谷歌推出了新产品"谷歌视频"（Google Video），这款产品看起来很有可能在网络视频领域取得主导地位。首先，谷歌拥有巨大的资源，而且当时已经成为互联网时尚潮流的代表；其次，谷歌在2004年推出了谷歌邮箱；谷歌搜索引擎也遥遥领先，已成为全球最受欢迎的搜索引擎。谷歌看起来即将夺取这场竞赛的胜利，败北的机会微乎其微。

事实也证明了这一点。谷歌最终收购了一家年轻的新兴公司，名为YouTube。

---

① 纽约大学帝势艺术学院的一个研究生项目，旨在培养学生在数字媒体和通信技术领域的创新和领导能力。

YouTube 首个视频：我在动物园

2005 年初，查德·赫利（Chad Hurley）及其若干朋友共同提出了 YouTube 的概念。查德·赫利是吉姆·克拉克（Jim Clark）的女婿，而克拉克曾在硅谷创立了一系列初创企业，包括最早开发网络浏览器的网景公司（详见第二章）。当时，赫利与任职于早期互联网支付公司 PayPal 的贾威德·卡里姆（Jawed Karim）和陈士骏（Steve Chen）展开了头脑风暴。

最初，这三人希望创建一个视频分享网站，最终在 2005 年情人节，他们确定了网站名字为 YouTube。在一定程度上，这个名字受到了电视机的俚语 boob tube[①] 的启发，但 YouTube 的设计旨在为个人用户提供视频分享平台，因此这个名字中也有“为你而设”（for you）的寓意。

2005 年 2 月底，卡里姆给赫利发了一封电子邮件，承认 YouTube 的概念非常成功。他写道：“我认为我们的时机非常完美。

① boob tube 指电视机。tube 是电子管的意思，刚发明出来的电视机使用真空电子管，美国人当时就称呼电视机为 tube。而 boob 是笨蛋的意思，因为刚发明电视机的时候，电视节目非常枯燥，只有笨蛋才去看电视。

数字视频录制去年开始普及，因为现在大多数数码相机都支持这一功能。”此外，卡里姆在邮件中提到，YouTube 不能只是一个简单的视频播放网站，它需要提供更多的独特价值，从而在市场上脱颖而出。他以 stupidvideos.com 作为例子，指出这个专注于娱乐搞笑视频的网站最终失败了。

YouTube 不能重蹈覆辙——它不仅仅是一个视频托管网站，还是一个在线约会视频网站。“我相信，一个约会视频网站会比一个搞笑视频网站更受关注。为什么？因为大多数未婚人士主要关注约会和寻找伴侣，”卡里姆解释道，“用户不会无休止地观看搞笑视频。”但是，YouTube 如今的发展和成功远远超出了卡里姆的最初设想。

卡里姆在 2005 年 4 月 23 日上传了 YouTube 的首个视频，展示了自己在圣地亚哥动物园的情景。YouTube 这个项目差点夭折——当三位创始人得知谷歌在 2005 年 1 月推出了谷歌视频后，他们曾认真考虑是否应该放弃整个项目。

但不管怎样，他们最后还是坚持了下来。卡里姆上传的视频时长只有 18 秒。视频中，他站在大象围栏前尴尬地介绍着。这个视频标志着互联网内容消费的方式将会发生翻天覆地的变化。

YouTube 迅速崭露头角，成为万维网用户寻找娱乐消遣的首选。仅仅上线几个月，在 2005 年 6 月到 9 月之间，YouTube 每天都有超过 10 万次的视频浏览记录。但是，YouTube 的快速增长造成了其背后运营团队的担忧，他们担心服务器无法承受如此庞大的访问量而崩溃。2005 年 6 月，YouTube 允许用户将 YouTube 上的视频嵌入其他网站，然而这一决策反而增加了 YouTube 的带宽使用，因为用户可以在整个互联网上分享这些视频而无须访问 YouTube 的官方网站了。

用户不仅会在 YouTube 上传家庭视频，还会上传一些未经授权的电视节目。例如，《周六夜现场》（*Saturday Night Live*）的粉丝在 YouTube 上发布了一个名为“慵懒星期天”（Lazy Sunday）的短片视频。

这个两分钟的搞笑视频里，安迪·萨姆伯格（Andy Samberg）和克里斯·帕内尔（Chris Parnell）以说唱的方式表达了他们想购买纸杯蛋糕并观看《纳尼亚传奇》（*The Chronicles of Narnia*）的愿望。这个视频于 2005 年 12 月首次发布在网络上，但并非发在 YouTube 上，而是发在《周六夜现场》的网站上。

这个搞笑视频出现在 YouTube 上没多久，便成为该平台上最受欢迎的视频之一。在发布的第一周，它就获得了 200 万的点击量。然而，查德·赫利不确定这段视频是怎么上传到 YouTube 的。他与美国全国广播公司联系，询问他们是否上传了该视频，并表示愿意将其删除。但是直到 2006 年 2 月初，美国全国广播公司的一名律师才回应：该视频需要与该网站上的所有其他来自《周六夜现场》的盗版视频一起撤下。

这一事件表明，互联网一直以来都在适应并受制于其用户的需求和行为，过去如此，未来也将如此。面对一个可以存储视频的网站，用户们做了他们一贯会做的事：无视平台制定的规则，发布视频，即使他们并不拥有这些视频的版权。在当下的 YouTube

上，用户可以轻松找到成千上万的受版权保护的视频，而这些视频并非其合法所有者发布。不管是什么平台，这种现象都已司空见惯。

然而，这给 YouTube 造成了一个严重的问题，同时也对拥有《周六夜现场》播放权的美国全国广播公司的母公司维亚康姆集团（Viacom）造成了严重困扰。

维亚康姆对 YouTube 提起了诉讼，声称“慵懒星期天”只是 YouTube 平台上 15 万个以上未经授权的版权作品片段之一，这些视频总共被观看了 15 亿次。维亚康姆在其起诉书中表示：“一些实体并没有以合法的方式在互联网上建立尊重知识产权的业务，而是大胆地利用数字技术的侵权潜力来追求财富。YouTube 正是这样一个实体。”

谷歌在收购 YouTube 之后解决了维亚康姆的诉讼，但侵犯版权的问题仍然是 YouTube 面临的一个持续性的问题。

网络视频的发展

尽管 YouTube 一直无法完全解决版权相关问题，但它没有停止发展壮大。起初，人们主要通过 YouTube 来上传名人的版权内容和一些简单的自制剧，但随着时间的推移，它已经演变成一个介于这两者之间的内容创作平台。

YouTube 的网络视频生态系统逐渐发展，涌现出一群创作者。他们不依赖好莱坞工作室的体系，而是致力于提升自己的视频内容，追求专业水准。迈克尔·巴克利（Michael Buckley）是早期创作者之一，据他回忆："回溯至 2006 年，YouTube 上的内容主要以人们上传自家宠物视频和自制怪诞搞笑视频为主。当时还没有出现高质量的内容，然而社区内的互动频率却很高，互动也非常亲密，因为平台上的参与者相对稀少。"

当时，YouTube 上的内容创作者相对较少，但消费者很多。2006 年 1 月到 7 月期间，YouTube 的流量增长了 4 倍，以 1600 万的访问量成功跻身全球最受欢迎的前 50 个网站之一。用户每天观看视频的次数已达到 1 亿次，而仅仅 10 个月前的每天观看次数仅为 10 万次。当时播放量最高的视频之一是一段 2 分 45 秒的视频，内容是足球明星罗纳尔迪尼奥（Ronaldinho）展示耐克传奇系列足球鞋时的逗趣表演。

这个画面有点摇晃的视频，是在线游击营销策略的早期案例之一。它由一名叫万德·奥尔西（Wander Orsi）的发布者上传，而观众们一度被误导，错误地认为这些情节是在没有人为干预的情况下自然发生的，实际上，这段视频是经过精心安排和编辑制成的。这种策略奏效了：这段视频成为 YouTube 上第一个点击量超过 100 万次的视频。

对比之下，谷歌视频却在走下坡路。作为 YouTube 的竞品，谷歌这家科技巨头推出的谷歌视频却一直面临着难以吸引观众的问题，更重要的是，面对 YouTube 这个更为灵活的竞争对手，谷歌视频没办法找到自身的价值和重要性。

但是，谷歌并没有想要打败 YouTube，而是决定加入它——名副其实地加入。2006 年 10 月 9 日，谷歌宣布以 16.5 亿美元的价格收购 YouTube。

双赢模式：企业得金，创作者得利

YouTube 上的创作者开始逐渐认识到金钱的影响力。旧金山一家广告公司的员工布兰登·加汉（Brendan Gahan）建议公司尝试通过 YouTube 来为客户 Zvue 进行广告推广。值得一提的是，Zvue 是 iPod 的竞争对手，主要生产音频播放器。

安东尼·帕迪拉（Anthony Padilla）和伊恩·席克斯

（Ian Hecox）是 YouTube 早期的两位重要内容创作者。他们组成了一个名叫 Smosh 的搞笑团队，并于 2005 年开始在 YouTube 上创作。截至 2006 年 9 月，这个团队位列 YouTube 最受欢迎频道的第四名，订阅粉丝高达 17 500 人。他们的人气引起了布兰登·加汉的注意，后者认为这个团队有望助力推动 Zvue 音乐播放器的销售。

于是，布兰登·加汉找到帕迪拉和席克斯并提出了一项提议：如果他们可以在表演过程中提及 Zvue 的音频播放器，那么自己所在的广告公司将会向他们提供 15 000 元美元的酬劳。而且，他们不必在视频里强行推销这个产品，只需在不经意间带出产品即可。2006 年 12 月，Smosh 上传了一个名为《手脚互换》（Feet for Hands）的搞笑视频。在这个视频里，有一个角色会随着剧情发展获得这款音频播放器。Smosh 喜剧团队按约获得了酬劳。我们熟悉的“影响力营销”就此诞生——这个行业如今价值数千亿美元。

在短短的一年内，YouTube 就成功抓住了机会。2007 年 8 月，它开始在用户上传的视频中插入产品广告。同年 12 月，它又推出了合作伙伴计划，允许视频创作者分享广告收益。这一系列举措标志着网络视频领域的商业模式逐渐形成。

通常情况下，当一家大公司收购一家小竞争对手时，小公司会被整合到大公司的管理体系中。但在这个案例中，谷歌视频的员工被要求搬到 YouTube 的办公室里。2012 年 6 月，谷歌视频最终被整合到 YouTube 中。

在谷歌旗下，YouTube 延续了以前的发展轨迹。一群渴望展现创意的人，不断地上传一些不寻常或奇怪的视频到 YouTube 上，从而不断吸引新的观众。随着观众数量不断增加，YouTube 的员工也在增加。平台的快速增长，加上得到了谷歌的资金支持，如今的 YouTube 已经具备了谷歌级别的人员配备。

自媒体时代：传播你自己

如今，YouTube 已成为一个网络视频巨头，每分钟有超过 500 小时的视频上传到该平台，用户数量超过 20 亿。在 2022 年最后一个季度，YouTube 的广告给谷歌公司带来了 80 亿美元的收入，其中大约一半分给了在该平台上发布内容的个人创作者。

不过自从被谷歌收购后，YouTube 也面临着一系列问题。2016 年 2 月，YouTube 推出了一个订阅服务，但这个服务并没有取得很好的效果。这主要是因为该服务更注重名人效应，而不是依赖网站上的原创内容创作者，而这些原创内容创作者一直是 YouTube 平台最吸引用户的亮点。2017 年 2 月，英国《泰晤士报》（*The Times*）报道称，YouTube 在一些恐怖分子招募视频旁边播放度假胜地和家居清洁产品的广告，引发了企业赞助商的撤离。这一事件被称为“广告末日”（Adpocalypse）。两年后，YouTube 的一些儿童视频出现了恶俗评论，导致广告商再次撤离。

尽管面临众多挑战，YouTube 依然屹立不倒，保持着强劲的发展势头。然而，网络视频领域正在发生变革，这一变革的推动者是一款应用程序。

抖音

如果说 YouTube、脸书、推特和 Instagram“迅速”地在网络世界占据了主导地位，那么与抖音相比，它们的崛起之路可谓缓慢。这一短视频分享平台拥有逾 10 亿全球用户，而这些用户每天花在抖音上的平均时间比一部普通电影还要长。抖音的成长速度远快于老对手，它只用了老对手成长时间的一半，就达到了相似的规模和影响力。

这一情节引人入胜，却也伴随着一段引发争议的背景故事。

抖音的创意源自中国一家科技公司字节跳动，该公司由企业家张一鸣于 2012 年 3 月创立。字节跳动开发了一套应用程序，其中包括今日头条。今日头条推出不到 3 个月，就吸引了 1000 万用户，它可以根据用户的兴趣，呈现一系列个性化的新闻报道。

在字节跳动成立的同一年，该公司就推出了今日头条。这款应用程序使用了一种算法，通过分析用户行为来向他们推荐相关内容。

这个算法主要专注于文本新闻，它为该公司之后推出的抖音奠定了技术基础。借着今日头条成功的东风，字节跳动公司在 2016

年 9 月推出了抖音。在 2012 年 6 月推出的美国短视频平台 Vine 以及快手的启发下，抖音搭上短视频应用的顺风车。

抖音的开发方案可谓缜密。字节跳动公司深入分析了 100 多款不同短视频应用程序的内容呈现方式，并从中精选最佳元素融入了自家的应用程序。这一策略相当成功。抖音迅速在中国崭露头角，并于 2017 年 5 月开始向国际市场扩张。之后，字节跳动推出了 TikTok，并将其作为独立应用自主发展。虽然 TikTok 与中国版抖音在功能上有许多相似之处，但是字节跳动是在见证了中国版抖音大获成功之后，才推出了海外版。2017 年 11 月，TikTok 宣布收购美国音乐类短视频社区应用程序 Musical.ly，并于 2018 年 8 月正式完成收购。

截至 2018 年 1 月，TikTok 的用户数量已经达到了 5400 万；同年底，用户数量增至 2.7 亿多；随后一年，这一数字增长至 5.07 亿；到了 2020 年 7 月，接近 6.9 亿用户频繁使用该应用，几乎是成立于 10 年前的推特用户数量的 3 倍。

在新冠病毒流行期间，大量居家的用户通过抖音或 TikTok 寻求娱乐和消遣，这个偶然的契机促使其飞速发展。仅在 2020 年 3 月，用户在抖音上花费的时间就已经难以估量。抖音的用户数量激增，而这一次，也有了更多人愿意走到镜头前讲述自己的故事。

TikTok 的“安全隐患”

2023 年上半年，TikTok 引发了一场轩然大波。长期以来，美国、英国和欧洲政界一些具有反华倾向的政治家对 TikTok 都持怀疑态度，但迄今尚未有确凿证据证明 TikTok 是某种秘密网络的阴谋。

尽管如此，一些国家还是不断禁止在政府设备上使用 TikTok。2020 年 6 月，印度禁止了 TikTok 等应用程序，并声称这些应用程序与中国存在某种政治联系。这引起一些国家的效仿。

这些国家封锁或禁止 TikTok 的理由是涉及“国家安全风险”，然而，至今没有任何国家提供确凿的证据来支持这一理由。这一情况凸显出地缘政治和全球科技领域之间的紧密联系。

创作者的兴起

YouTube创立之初的口号是“传播你自己”（Broadcast Yourself）。多年来，互联网一直在鼓励用户在线分享自己的生活点滴。

在早年的Web 2.0时代，许多论坛和Usenet上的用户经常使用假名或化名来保护他们的隐私或匿名性。但是脸书的政策要求用户公开真实姓名，由此也开启了创作者现象。在过去，用户主要是与家人和朋友分享家庭视频，但YouTube的兴起改变了这一局面，直接让用户成了个体创作者。2006年，《时代》杂志的年度人物是“你”（You）——不是YouTube，不是具体的某个人，而是那些在YouTube、脸书、MySpace等网站上发布内容的在线创作者。

2019年的一项调查显示，越来越多的孩子梦想成为“油管人”（YouTuber），而不再将宇航员作为自己憧憬的职业。这反映出YouTube已经成为一种职业选择，而不仅仅是业余消遣。创作者有时也被称为“网红”（influencer），2016年，这个词被收进在线词典Dictionary.com。但是本质上，“创作者”和“网红”具有不同的含义：创作者是指在互联网上发布原创内容的人，而“网红”则是指通过为他人测试服务或说服他人购买产品而获得报酬的人。

尽管 YouTube 提供了分享视频的平台，但要在这个平台上取得成功，普通人仍然需要投入大量的时间、努力和金钱。随着智能手机的普及和功能增强，现在，人们已经可以使用随身携带的智能手机拍摄高质量的视频了，但是在一开始，创作者必须使用数码相机拍摄视频。成功的视频创作者需要制作高质量的视频，这可能需要使用专业的视频编辑软件，以改进视频的光线和声音质量等，而这一切都离不开金钱的投入。

抖音成功地利用了高清的智能手机摄像头，并通过软件提升了它们所录制视频的质量，还提供了直观且免费的编辑工具。抖音允许上传的视频长度较短，最初在 15~60 秒，现在已经可以延长到 10 分钟，尽管在实际应用中通常仍然保持在 20~30 秒左右。这也意味着，用户不再觉得录制视频是一项困难的任务。

这正是抖音所需要的，因为它不断扩大的用户群需要源源不断的新内容来获得满足感，短视频内容的快速更新是其中的关键因素。这也是一个成功的商业模式，迫使传统的网络视频和图片分享平台意识到，他们需要群起而效之以保持竞争力。

Instagram 和 YouTube 推出短视频功能

马克·扎克伯格从不习惯位居次席，因此，抖音的兴起让这位企业家深感担忧。此前，他曾努力开发一款与抖音竞争的短视频应用，名为 Lasso。2018—2020 年，Lasso 在巴西进行测试，但未能获得成功，扎克伯格的期望落空了，Lasso 并不受用户欢迎。在他察觉到自己公司的应用（比如脸书和 Instagram）正在逐渐失去年轻用户的市场份额，而抖音则被视为时尚的应用风向标时，他迫切地希望以某种方式与抖音竞争。

于是，自 2019 年底以来，Instagram 试水推出了名为卷轴（Reels）的功能，这是一个类似抖音的视频滚动功能。Reels 的试点国家包括巴西，也就是 Lasso 铩羽而归的地方。随后脸书看到机会，于 2020 年 7 月在印度上线 Reels，此时正值印度政府出于地缘政治争端的原因禁用抖音——关于这一争端，我们将在下一章里详细探讨。而全球其他地区直到 2020 年 8 月才开始使用 Reels，这一功能与抖音有许多相似之处。

创作者经济

那些参加了2005年1月微录主展会的视频博主在一年后要么成了创作者，要么成了“网红”。但是，这些视频博主更愿意被称作为创作者，因为他们认为“网红”一词带有商业化和营销的含义。通过自制的《手脚互换》搞笑视频，Smosh团队完成了一次重要的“网红”营销，这一事件被认为是一个分水岭。2007年8月，包括《辛普森一家电影版》（*The Simpsons Movie*）在内的1000家合作伙伴首次在YouTube网络视频中插播广告。这些广告以透明横幅的形式显示在视频顶部，既不会打扰用户观看，视频内容的创作者也可以获得约一半的广告收入。

这是对“网红”和创作者拥有实际影响力的一种承认，而这种影响力将持续下去。如今，创作者经济的价值已经超过1000亿美元。创作者经济已经催生了一个完整的产业生态系统，其中包括经纪人、品牌交易中介、广告专家和顾问等各类专业从业者。这些专业人士的任务，是为那些在Instagram、YouTube、抖音和照片分享平台快拍（Snapchat）等社交媒体平台上吸引了数百万观众的网络名人提供各种支持和服务。

这种现象也蕴含着商机。当广告商在某一领域大量投资时，他们希望自己的钱花得值当。也就是说，他们希望确保广告能够顺利传达给受众，而不是出现在不适当的内容旁。于是，内容审核员的重要性不言而喻。

大约在同一时间，YouTube 也注意到了抖音的崛起。2020 年 9 月，它推出了自己的抖音克隆版本，名为 YouTube 短视频。短视频领域的霸权之争正式打响。

这三款应用都得到了大型科技公司的支持。据估计，抖音的母公司字节跳动市值达到 2200 亿美元，而谷歌和 Meta 则经常居于全球最有价值公司之列。它们都愿意在吸引和留住用户方面投入大笔资金。为什么？原因就在于 Web 2.0 时代崛起的与之并行的创作者经济。

内容审核

据 YouTube 的一名前员工透露，YouTube 在早期运营阶段并没有专门的内容审核团队。当时，办公室只有十几名员工愿意参与这个工作。“他们也只是在白天时间随意地关注一下平台上的内容。如果有人看到不合时宜的内容，就会积极指出：‘这些内容不应该出现在这里。’”

一直以来，YouTube 都很关注平台上的内容类型，但 YouTube 关注的重点不是如何让广告商满意，而是如何满足用户的需求和期望。因此，基于 YouTube 认为的用户可以接受的内容，它制定了一些非正式的指导性原则。其内容审核是被动的，是用户兴趣和行为习惯的反映，而不是自上而下的命令。

但是，这些口头的指导性原则并没有持续太长时间。随着 YouTube 雇用首位全职内容审核员，内容审核的书面规则也被引入了。早期，审核员主要负责审查员工标记为可能存在问题的视频，并决定它们是否适合发布或需要被删除。

这些书面规则仅占一页的篇幅，由后来成为内容审核专家的米卡·谢弗（Micah Schaffer）编写。它们涵盖了所有明显的内容限制，包括色情、自残、暴力及虐杀视频。YouTube 的团队深谙互联网的特性，了解其中最阴暗的角落。一名前员工曾将这些规则描述为“互联网不良内容精选汇总”。

负责标记的内容审核员与其他高级员工共同合作，迅速识别并上报审核的可疑内容中的规律。2006 年中期，YouTube 开始制定其第一份非正式的针对仇恨言论的政策。根据该政策，只要用户的表达方式合理且没有包含侮辱性词语，他们就可以充分表达自己的想法，即使这些内容可能令人不悦。

这听起来也许有些奇怪：为什么要允许用户传播优生学信仰[①]（那名 YouTube 前员工告诉我，这完全有可能发生），而且只有在言辞上越界时，才采取行动？这背后的理念源于典型的硅谷自由主义：阳光是最好的消毒剂。也就是说，让这些言论曝光于阳光之下，通过公开它们，让人们知道它们的存在，以打破潜在的极端观点和信仰。“这是 YouTube 的思维方式。既然不管怎样人们都会将这些观点抛出来，而且这些人可能就住在你隔壁，”这名 YouTube 前员工说道，“那么，你就应该知道这件事。”但 YouTube 没有意识到，“了解这些观点”可能会改变人们的观点。

① 指利用遗传学原理，通过控制婚配来提高人类素质的一种理念。

内容审核的发展

这是内容审核在最早期遭遇的重大失败。但在 YouTube 成立之前，互联网上就已经存在类似的内容审核概念。早在 2000 年，一名犹太用户通过由雅虎运营的拍卖网站在法国购买了纳粹纪念品。虽然法国明令禁止售卖纳粹纪念品，但是网站仍然出售此类违禁品，所以雅虎违反了法国法律。2001 年 1 月，雅虎禁止了纳粹纪念品的销售。

这是互联网平台介入审查内容的首个明确例子——在雅虎的这个案例中，介入审查的原因是法律法规的约束。这种情况不会是最后一次发生。

在互联网的早期阶段，BBS 和围绕它们形成的网络社区通常由少数自愿担任版主的人来管理。他们利用自己的时间来维护社区秩序，尤其是在用户之间发生争吵的情况下。

网络用户常常争论不休，难怪律师迈克·高德温（Mike Godwin）在 1990 年创造了一句后来在互联网上广为流传的格言：在在线讨论不断变长的情况下，把用户或其言行与纳粹主义或希特勒类比的概率会趋于一（100%）。这条“高德温法则”于 1990

年首次提出，并于 2012 年被收录到《牛津英语词典》中。值得注意的是，虽然这是许多网络用户信奉的格言，但在 2021 年，一项针对红迪网上近 2 亿帖子的学术分析，在一定程度上对该格言进行了反驳。

2 亿是一个庞大的数字。这个数字清晰地表明，早期由志愿者运营、充分自由审查的概念，为何不再切实可行。虽然红迪网确实依赖大多数子版块的版主来维护，但很少有其他平台采用这种方式了。

内容审核已经演变为一项有薪职业，尽管薪酬相对较低，而且通常外包给少数专业公司——这些公司专门提供互联网的“垃圾处理员”——的合同工人。这一变化主要是因为互联网规模扩展，它需要更多人力来处理大量的内容。

截至 2023 年初，Meta 公司雇用了超过 4 万名员工从事所谓的“安全与保障”工作，其中包括内容审核。抖音也有 4 万名审核员，负责确保其内容符合公司的要求。虽然在埃隆·马斯克于 2022 年 10 月 27 日接管推特之前，推特解雇了大部分内容审核团队，但在此之前，推特也有成千上万的员工负责监测用户上报的内容。

这些内容审核员通常需要承担极大的工作量，每天审查大量的内容，判断其是否符合平台制定的标准。为了避免引起混淆，这些标准后来形成了明文规定。例如，脸书于 2018 年 4 月 24 日首次公开发布了其社区准则，其实这些准则在此之前已经实施了多年，由于一些勇敢的记者的曝光，公众才能够了解它们。

尽管审核标准已经形成详细且全面的书面记录，审核员每天还是需要处理大量的工作。因此，他们难免会出现误判，即审核员在决定是否符合平台标准时，可能会过于严格或不够仔细，将一些内容判断为“假阳性”或“假阴性”，最终产生互联网不良内容的漏网之鱼。

电脑眼：人工审核的辅助

如今，大多数科技平台已经意识到，仅依靠人工审核已经难以应对庞大的内容海洋了。即便审核团队数量众多，这些科技平台也将计算机技术元素引入了审核流程。这些平台不仅依靠低薪的人工来审核内容，还将某些审核环节外包给计算机程序和算法。

许多平台会利用人工智能（尤其是计算机视觉技术）对用户发布的内容进行初步审核，寻找可能存在的问题，然后将任务移交给审核员，进行更详细的核查。但这并不总是奏效。尽管相关公司经常吹嘘其成功率超过 90%，可以捕捉到大多数违规内容，但从平台的规模看，这仍意味着有成千上万的违规内容未被检测到。

毫无疑问，这是一个严峻的问题。内容审核仍然是一个棘手的议题，没有一个平台能够完美应对。内容审核领域充斥着太多失败的案例：2019 年 3 月，新西兰克赖斯特彻奇的两座清真寺发生枪击事件，凶手在脸书上进行了实时直播，残忍杀害了 50 多名无辜者。不到 200 名观众观看了这一恶行的直播，而该视频在直播结束后 12 分钟内被删除。然而，至少一位观众将其复制并重新发布到了网络上。在袭击发生后的 24 小时内，脸书已经无法控制视频传播了，超过 150 万个不同版本涌现在平台上。

这个案例反映了审核不当造成的传播规模的问题，不过，内容审核也涉及品味和得体的考量。

1972 年，美联社摄影师尼克·尤特（Nick Ut）拍摄了一张名照片，名为《战争的恐怖》，它是人类历史上最具标志性的影像之一。大家一定知道这张照片：一名女孩遭受凝固汽油弹袭击，她一边赤裸着身体向前奔跑，一边痛苦地尖叫。虽然这张照片看起来令人不安，但人们不会回避它，因为它提醒大家要铭记战争的恐怖。

但在 2016 年，脸书决定将这张照片屏蔽，禁止任何人浏览。

一位记者在一篇关于改变战争的文章中加入了一系列照片，其中包括这张《战争的恐怖》。他把这篇文章发布到脸书上，但很快文章就被后台删除了。随后，这名记者多次尝试重新发布，但依然被后台删除，甚至他自己的账号都被封禁了。这突显了社交媒体内容审核标准的影响力——它有时甚至能够直接影响我们对历史的认知。

第230条：平台与出版商之间的界限何在

随着美国的政治逐渐呈现两极化趋势，社交媒体平台的内容管理方式及高级管理层的角色，已经成为备受关注的议题。值得一提的是，唐纳德·特朗普成了美国首位通过互联网赢得选举胜利的国家领导人。特朗普在2016年成功竞选美国总统，在这个过程中，他巧妙地运用推特，绕开了主流媒体对其政治言论的审查，同时还通过有针对性的脸书广告，将自己的信息直接传递给潜在选民。

特朗普善于利用选民的政治分歧。有一些人认为，社交媒体加剧了这种分歧；还有人可能认为，特朗普应该是互联网和社交媒体平台的支持者。但事实并非如此。特朗普及其他共和党成员认为，社交媒体高管在内容管理上存在偏向，可能有利于他们的政治对手，尽管有证据显示情况并非如此。例如，推特等社交媒体平台在某些情况下更支持右翼观点。

不论这些平台在政治观点上倾向哪一方，这个现象都值得关注，因为这背离了它们创建时的基本原则。最初，这些平台旨在提供一个中立的环境，让用户发布和共享各种不同观点，而不是成为具有明显偏向或特定政治立场的出版商。

根据网络安全法教授杰夫·科赛夫（Jeff Kosseff）的观点，美国《通信规范法》第230条包含了“创造互联网的26个英文单词”[①]。第230条是附加在1996年美国国会《通信规范法》上的一个跨党派修正案，《通信规范法》旨在禁止通过互联网向未满18岁的人传播“淫秽或不雅”材料，以及在网上骚扰或威胁他人。

在万维网诞生之初，《通信规范法》的颁布曾引起广泛关注，因为人们担心它可能给互联网带来寒蝉效应[②]。例如，那些经营网络托管服务、论坛或提供互联网服务的人担心，他们可能会因其托管或管理的网站上出现侵权内容而被追究责任。第230条应运而生，为“交互式计算机服务的提供者”提供了法律豁免，意味着他们不必为用户在其平台上的行为承担法律责任。

《通信规范法》颁布才不到一年就被最高法院判定为违宪，因为它剥夺了成年人受宪法保护言论自由的权利。尽管《通信规范法》被废除，第230条却仍然有效。

在过去25年里，第230条已然成为社交媒体网站的救星。它们可以宣称自己仅仅是传递用户生成内容的平台，而不是需要对其展示的内容承担法律责任的出版商。

---

① 1996年颁布的美国《通信规范法》第230条由26个英文单词构成，它规定：“交互式计算机服务的提供者或用户，不得被视为另一信息内容提供者所提供的任何信息的发布者或发言人。”（No provider or user of an interactive computer service shall be treated as the publisher or speaker of any information provided by another information content provider.）

② 指由于担心可能会受到法律诉讼或是无力承受预期耗损而放弃行使正当权利的现象。

科技巨头：大到不能倒？

第 230 条对社交媒体网站的保护之所以显得如此重要，因为我们对互联网的看法发生了变化。当初制定第 230 条时，互联网上的信息传播仅限于较原始的社交圈内。当时，用户在论坛上发布的内容通常只会被同一论坛上的其他用户阅读，鲜有扩散至其他社交圈的情况。

然而，YouTube、推特、Instagram 和抖音等的兴起，改变了这一局面。Web 2.0 从以文本为主转变为多媒体世界，虽然其内容变得更加多元，但也让管理和审核变得异常有挑战性。

技术的发展和进步，是导致这种变化的原因之一，包括网络摄像头、数码相机和内置专业摄像头的智能手机等的发展和普及。

此外，网速的提升也是导致这种变化的原因之一。由于网速大幅度提高，更多的内容以高质量的形式传播。根据美国联邦通信委员会的数据，自 1997 年以来，美国的平均网速每四年翻一番。今时今日，当我们在世界各地使用手机时，5G 互联网提供了极高的平均速度；而在 21 世纪初，用户还只能使用 56 k 家庭调制解调器连接上网。5G 的平均下载速度每秒可达 100 兆位（Mb），是 56 k

家庭调制解调器的 1785 倍——这简直是天渊之别。

这一切侧面反映了人们现在正越发频繁地阅读、观看或者听取来自各种不同创作者的、多种类型的内容。多样性是生活的调味剂，然而当每个人都成为内容创作者时，问题也接踵而来。例如，危险的模仿行为可能会造成伤害，又或者一些人滥用言论自由来传播仇恨等不可容忍的观点。虽然麦克风和摄像头允许每个人在互联网上发出自己的声音，表达自己的观点，但这并不总是会带来好的结果。

第 230 条提供的法律保护对于那些从 Web 2.0 中获利颇丰的平台高管来说是福音。依靠这条法律，他们成功地将自己和他们的在线平台融入了我们日常生活的方方面面——这对于 Web 1.0 时代的先驱者来说几乎无法想象，因为他们最初的目标是打破互联网上的等级制度。用户利用业余时间为这些平台制作大量内容，而且往往是无偿的或者只能获得微薄的利润——这样的情况会让上一个互联网时代的人感到困惑。这些平台高管则坐享其成，一边巩固自己的地位，一边创造舒适的条件，同时不忘继续积累数十亿美元的财富。

大型科技公司已经发展到“大到不能倒”的地步。它们累积了无法想象的财富，实际上已深植于我们社会的基石中，还拥有强大的法律支持。然而值得注意的是，我们很快将目睹这些主要参与者之间激烈的竞争，它们将争夺市场份额，奋力抢夺行业的领导地位。但是，除了这些交战公司之间的竞争，还有一场更加深刻的战争即将在互联网上展开。

第四章

全球互联网的主导者是谁

互联网的多重面貌

约瑟夫·利克莱德对互联网的未来发展表现出了前瞻性和洞察力。他认为，互联网将不仅仅是连接社区和跨越国界的工具，还可能会面临一些复杂的挑战。他在发表于 1980 年的一篇文章中写道："如果互联网在未来的地位就跟公海过去的地位一样重要，那么对互联网的控制将成为国际竞争的焦点。"然而，当时的他并不清楚这将意味着什么。

尽管互联网已经问世多年，但互联网的普及仍然存在明显的不平等。据联合国的一个专门机构国际电信联盟估计，全球仍有大约三分之一的人口无法接入互联网，尤其在非洲，大多数人还没有能力或机会使用互联网；全球四分之三的"低收入"家庭没有互联网连接。

本书部分读者可能来自富裕的西方发达国家。然而，这部分读者的互联网体验并不代表全球的普遍情况。尤其对于美国的读者来说，重要的是意识到：虽然美国公司在技术和在线平台方面发挥了重要作用，但美国人仅占全球互联网用户的不到十分之一。

在不同国家之间，即使互联网都很普及，用户的体验仍可能存在差异。

尽管我们常说互联网是一个没有国界的世界，是自由的象征，但实际情况更加复杂——现实中的限制和屏障超乎我们的想象。

分裂互联网

“分裂互联网”（splinternet）的概念最早由卡托研究所（Cato Institute）的研究员克莱德·韦恩·克鲁斯（Clyde Wayne Crews）于 2001 年首次提出，这个词由“分裂”（splintering）和“互联网”（internet）的英文组合而成。当时，克鲁斯并没有将这一概念视为负面现象，而是预见到了一种可能存在的情况，即会出现一系列“平行互联网，它们将是独立、私密和自主运行的网络”。然而随着时间的推移，一些大国的政府开始对这些平行互联网进行分割，以适应自身的政治需求。

就在美国利用军事研究资金开发国内互联网的同时，苏联也在规划一系列类似的计算机网络，旨在促进知识和专业信息的交流。苏联的做法与美国大学和军事机构的做法大致相同。当时的苏联深陷于与美国的冷战中，因此，使用宿敌开发的技术对于它来说是不可接受的。为了维护国家安全和独立，苏联决定自主开发他们自己的技术。

但苏联互联网的出现比阿帕网晚得多。提出建设苏联互联网的倡议由赛博空间研究所（Institute of Cybernetics）的维克托·格鲁什科夫（Viktor Glushkov）提出。在整个 20 世纪 60 年代，这位敢于冒险的研究所主任一直在说服国家高层采纳类似互联网的理念，即建立一个由联网计算机组成的网络。但是，这一理念没有实现。斯拉瓦·格罗维奇（Slava Gerovitch）曾写过一篇论文，探讨苏联为什么没有建成全国性的计算机网络。他认为，格鲁什科夫的方案拖垮了最初的苏联互联网计划。由于苏联国家形势的限制，苏联难以有效应对这个庞大的项目。

苏联并没有建立起自己的互联网。最终，苏联的大学采取主动措施，将互联网或互联网的一些元素引入了苏联。1978 年，全联盟学术网络（Akademset）成立。为了彰显不同学术领域的团结，全联盟学术网络与阿帕网采用了相同的数字标准，但仍保持独立性。

全联盟学术网络与阿帕网之间的独特合作关系，仿佛乔尔·沙茨（Joel Schatz）和约瑟夫·戈尔丁（Joseph Goldin）之间不同背景的奇特友谊。沙茨是一名嬉皮士和美国退伍军人，而戈尔丁则是一位苏联企业家，他对全球通信的理念充满着热情。在冷战的紧张时期，沙茨前往苏联西海岸，安装了关键的网络设备和基础设施，协助建设苏联的互联网，并在此过程中与戈尔丁结下了深厚的友谊。这两位男士怀着一个共同愿景：如果长期处于对立状态的超级大国能够坐下来对话，或许彼此间的关系能够有所缓和。

沙茨帮助促成了苏联和美国之间的互联网连接。1983 年，在沙茨和戈尔丁的帮助下，美国和苏联之间建立了旧金山 – 莫斯科电讯港（San Francisco–Moscow Teleport）。在此之前，苏联用户需要通过奥地利的一个中继站，才能连接到更广泛的全球互联网。

尽管苏联解体和新俄罗斯崛起期间，俄罗斯发生了巨大的政治和社会变化，但是全联盟学术网络与阿帕网之间仍保持着友好的合作关系。事实上，在此之前，苏联内部的态度已经逐渐趋于放松，减少了对外界的怀疑，这一态度转变对 1986 年旧金山－莫斯科电讯港首次商业化及 1990 年其改组成为苏美电讯港发挥了巨大作用。

苏美电讯港是苏联第一家互联网服务提供商，并且得到了沙茨的支持。沙茨在 20 世纪 90 年代初离开了苏联。“当时的一切都趋于正常，”2016 年，沙茨在一部关于俄罗斯互联网历史的纪录片中说，“那是一个非常乐观的时代，我们也没有理由留在那里。”在沙茨看来，著名的铁幕时代已经结束——无论是现实世界还是互联网世界。到了 1990 年，俄罗斯人已经可以访问西方流行的 BBS 系统了，例如惠多网。

苏联解体

1991 年，鲍里斯·叶利钦（Boris Yeltsin）领导的势力解散了苏联旧政府。此时，苏联电视台等传统媒体仍在不断播放《天鹅湖》（*Swan Lake*），但政变的消息早在苏联互联网上传开了。

可以访问互联网的研究人员，在网上交换关于坦克在街道上行驶的消息——由于实时信息交流至关重要，拥有互联网访问权限的研究人员主要集中在苏联核工业领域。在苏联发生政变的时候，叶利钦站在坦克上发表演说，谴责“紧急状态委员会”的暴力。他说的话被这些研究人员在互联网上转述，这是一个具有里程碑意义的时刻。

20 世纪 90 年代给俄罗斯带来了巨大的变革：商业蓬勃发展，贪婪被奉为美德；寡头政治的执政者逐渐取代学者掌握了互联网的控制权，导致许多苏联程序员选择移民到美国。

互联网在俄罗斯的普及一开始较为缓慢：1998—1999 年，大约只有 2% 的俄罗斯人可以访问互联网，而从 1999—2000 年，这一数字翻了一番，达到了 4% 左右。但需要注意的是，2000 年是弗拉基米尔·普京（Vladimir Putin）接替鲍里斯·叶利钦成为俄罗斯总统的一年，这一年，俄罗斯的对外政策出现了明显变化。

20 世纪 90 年代初，互联网曾是记录重大政权更迭的工具；然而短短十年间，它就被俄罗斯当局视为需要适当管理的媒介了。普京上台的时候，大多数群众还没有经历过互联网开放和自由的阶段。事实上，俄罗斯在互联网方面落后了西方几十年，直到 2002 年，俄罗斯仍然受到苏联时代的影响而滞后——令人惊讶的是，当时竟有 84% 的俄罗斯人从未使用过电脑；其他体验过互联网的人多半是在网吧而不是在自己家中，因为个人电脑的价格昂贵。

互联网访问的问题迅速引起了普京的关注：尽管叶利钦在 1996 年颁布的《通信法》（Communications Law）确立了每位俄罗斯公民的宪法隐私权，但普京在 2000 年批准的《俄罗斯联邦信息安全纲要》将快速发展的互联网视为国家安全问题。在国家安全面前，人们或许要在互联网自由与社会稳定之间不断寻求一个更加和谐的平衡点。

中国互联网的起步

互联网发展历史中常伴随着失败和挫折。1969 年，两个学术机构在发送第一条互联网消息时出现了故障，消息还没有发送成功，系统就已经崩溃。类似地，中国互联网的起步也经历过失败和挫折。

1987 年 9 月 14 日，一支德国科学家团队抵达北京，这标志着中国历史上的一个重要时刻。沃纳·措恩（Werner Zorn）在帮助联邦德国接入互联网方面曾扮演重要角色，他也认识到，自己可以为中国提供类似的帮助和机会。他发起了一个项目：通过世界银行提供部分资金支持，尝试弥合西方和中国之间 20 年的技术差距。当时人们并未意识到，这个当初被认为是技术滞后地区的国家，很快就会超越西方。

措恩与中国的合作伙伴王运丰一起，致力于推动中国接入全球互联网。1987 年 9 月，王运丰发送了一封电子邮件，这被认为是中国互联网史上的一个重要时刻，标志着中国正式进入互联网时代。

“越过长城，走向世界。”王运丰用英文写道（当时的超级计算机只能接收德语或英语输入）。这是第一封通过计算机互联网，从中国发往国际科学网络的电子邮件。

但这个过程并不是一帆风顺的：由于多种故障，邮件的发送耗时六天之久。但不管怎么说，中国已成功接入互联网。

中国在建设互联网方面充分借鉴了美国的专业知识，但采用了自己的独特方式。在20世纪90年代，美国电信运营商斯普林特（Sprint）曾协助建设了中国邮电部建设的中国公用计算机互联网（ChinaNet），这是中国教育系统之外的第一个互联网网络。然而，由于斯普林特过于贪婪，它最终在90年代中期被挤出了中国的互联网基础设施。

1994年，当俄罗斯全面融入互联网时，拥有12亿人口的中国还只有2000人可以上网，这一数字几乎可以被忽略不计。

进入中国市场的搜索引擎

众所周知，搜索引擎公司雅虎和谷歌分别在1999年9月和2000年9月进入中国市场。这对这些公司来说似乎是一个合理而显而易见的选择：截至2001年7月，中国已经拥有2500万互联网用户。

虽然雅虎在与中国本土对手的竞争中陷入困境，但是谷歌却领先一步，在2002年已经占据了中国搜索市场约四分之一的份额。然而，这种成功并未持续。2002年晚些时候至2003年，它的中国本土对手百度成功建立了自己的知名度和市场份额。

中国互联网的现状

如今，中国互联网不再充当模仿者的角色，正如前文提到的，中国的应用抖音也推出了针对国际市场的版本。

抖音的成功引发了美国、英国和欧洲某些右翼反华鹰派的担忧。但现实情况是，这个应用不可能是中国有意采取的“特洛伊木马”[①]战略。

争夺互联网未来的斗争，似乎注定陷入僵局。

---

① 指一种表面上看似无害却隐藏恶意的手段。

争夺互联网的未来

与互联网发展的历史、现状和未来密切相关的重要参与者深知，互联网的演变与发展是一场具有重大战略意义的竞争。一如约瑟夫·利克莱德将争夺互联网的控制权比喻成争夺公海的控制权，今天的互联网代表人物也深知争夺互联网未来的重要性。

2019年7月，脸书（后来更名为Meta）的CEO马克·扎克伯格与员工举行了多次会议。这些会议鼓励员工向公司领导提问有关未来愿景的问题，或者提出自己的担忧。在其中一场会议上，一名员工问及扎克伯格，是否对抖音的成功感到担忧。

扎克伯格的回答具有双重意义。首先，他回应问题，表明他对未来情势有一定担忧；其次，他的回答也反映了一场更大范围的竞争，这场竞争不仅仅由监管机构和政治家主导，同时也由习惯掌握控制权的硅谷科技高管所推动。

> 我认为抖音的表现不俗。抖音的成功折射出一个现状：在过去，互联网主要由美国公司主导，而中国公司主要在中国提供服务。然而近年来，腾讯开始将其服务

> 扩展到东南亚，阿里巴巴也将它的支付服务扩展到当地。
>
> 总体而言，若论全球扩张，中国企业在这方面的表现相当有限。北京的字节跳动公司开发的抖音应用，是首个由中国科技巨头成功打造并在全球范围内取得成功的消费者互联网产品。

一些政治人士担心抖音在全球扩张可能会增加中国的影响力。就在扎克伯格回答员工提问的一年后，印度禁止了抖音等数十款应用程序。

这并非互联网和地缘政治问题发生交锋的最后一次。一年后，唐纳德·特朗普将抖音视为他在2020年美国总统选举中的主要对手，并承诺在当选后禁止这款应用。然而，这一计划最终未能实现：特朗普输掉了选举，并且他的政府在抖音提起的法院诉讼中败诉，未能禁止该应用。

互联网政治的斗争远未结束。有人仍然将抖音视为中国政府的附庸，认为它是一个特洛伊木马，通过有趣的视频吸引用户，然后在一瞬间将用户变成中国的忠实拥护者。出于对用户数据安全的担忧，欧盟委员会、美国和加拿大已在2023年初禁止在政府设备上使用抖音。

在本书撰写期间，英国也采取了类似的措施，禁止政府设备安装和使用抖音。此外，部分美国两党政治家提出了更进一步的计划：不仅希望禁止政府雇员使用抖音，还要禁止全民使用这款应用。从抖音的例子不难看出，互联网的未来仍充满争议。

第五章

Web 2.0及互联网如何塑造用户

网上购物

在 1994 年 7 月创办亚马逊之前，杰夫・贝索斯（Jeff Bezos）是一名心灰意冷的投资银行家。当时，贝索斯是华尔街投资管理公司肖氏对冲基金（D. E. Shaw & Co.）的副总裁，对工作失去热情的他决定远赴华盛顿州西雅图，开始全新的职业生涯。起初，贝索斯曾考虑将自己创办的网站命名为 MakeItSo.com[①]，以致敬《星际迷航》（*Star Trek*）里他最喜爱的角色让－吕克・皮卡德（Jean-Luc Picard）。这位企业家最终还是选择了另一个名称，然而，这个名称并非我们今天熟知的亚马逊。

贝索斯原本将网站命名为卡达布拉（Cadabra Inc.），并在自己租住的住所中经营。但是，人们常常将“卡达布拉”听成“尸体”（cadaver），以为贝索斯是在贩卖尸体，于是他决定变更公司名称。最后，贝索斯选择将网站命名为“亚马逊”——这条南美洲最大的河流正好契合贝索斯的抱负。

贝索斯想要销售的产品也发生了改变。在创建公司时，这位

① “make it so”（就这么干）是《星际迷航》里皮卡德船长的口头禅。

投资银行家曾考虑过销售五种热门产品：图书、视频、光盘、计算机硬件和软件。但最终，贝索斯决定只销售图书，并花了一年的时间来巩固这一业务。但是，一些早期员工对这个创始神话提出了质疑。他们表示，贝索斯一直想建立的只是一家图书销售公司。他们说，这就是贝索斯选择西雅图作为公司总部的原因：附近有大型仓库和图书公司。

亚马逊公司表示，其在线业务于 1995 年 7 月 16 日正式开启，不过在此之前，亚马逊已经进行了几个月的内测，向部分科技创新倡导者提供访问权限。第一本售出的图书是道格拉斯·霍夫斯塔特（Douglas Hofstadter）的《流体概念和创意类比：思想基本机制的计算机模型》（*Fluid Concepts and Creative Analogies: Computer Models of the Fundamental Mechanisms of Thought*），售出日期是 1995 年 4 月 3 日，买家是当时居住在加利福尼亚洛斯加托斯市 215 号亚历山大大道的著名计算机科学家约翰·温赖特（John Wainwright）。第一本售出的二手书是陶德·麦克尤恩（Todd McEwen）的《渔夫角笛舞》（*Fisher's Hornpipe*），买家是亚马逊的早期员工，后来转型成为记者、编辑和作家的格伦·弗莱什曼（Glenn Fleishman）的室友。弗莱什曼亲手将二手书交付给自己的室友——需申明的是，为了核实准确性，弗莱什曼也阅读了这本书。

贝索斯代表了一种新兴社会趋势：这些互联网创业者常常以标志性的单一着装风格示人，同时将自己的创业故事渲染成一段传奇。以亚马逊为例，贝索斯的办公室里永远挂着简单的蓝色衬衫；而关于亚马逊的创业传奇，根据真实描述，亚马逊公司在创业初期曾将房门门板安装在四根木棒上，作为公司的办公桌。

至于著名计算机科学家约翰·温赖特，作为亚马逊的早期顾客，他对公司有积极的影响。亚马逊为了向这位热心的顾客表示感谢，将公司园区中的一座建筑命名为温赖特。园区里还能经常看到另外一个名字“鲁夫斯”（Rufus）。鲁夫斯是亚马逊早期员工苏珊·本森（Susan Benson）和道格·本森（Doug Benson）夫妇养的一条柯基犬。它十分天真可爱，备受员工们喜爱。

众所周知，如今的亚马逊已经是一家市值数万亿美元的企业，业务范围远远不止图书销售。它不仅经营杂货，甚至还开始涉足美发业务。此外，亚马逊旗下还拥有亚马逊网络服务（Amazon Web Services），它向全球一些最大的企业提供云存储和托管服务，其中包括许多我们日常访问的网站。亚马逊在全球已经拥有超过 150 万名员工。回首 1995 年 4 月创业之初，亚马逊的销售额仅有 12 438 美元，而如今，它的销售额已经发生了翻天覆地的变化。在 2022 年的亚马逊年度大促销活动 Prime Day 中，它仅用了约 0.2 秒的时间就实现了 12 438 美元的销售额。

在 1994—1995 年间，贝索斯就已经预见了在线购物的发展前景。根据英国国家统计局的数据，英国已有四分之一至五分之一的消费开支是用于在线购物的；而在美国，这一比例已接近 15%。虽然英美两国的在线购物比例受到了新冠病毒流行的一定影响，但全天候购物、快速送货及便捷的退货政策，意味着越来越多的人会选择在线购物。

在线付款

在线购物需要在线付款。第一位“在线”购物的顾客很特殊，因为她在互联网普及之前就已经开始在线购物。更让我们意想不到的是，她并非那种年轻且精通计算机的学术研究人员。

不过情况很快迎来了变化。1994 年，必胜客声称他们完成了互联网上第一笔实物商品的销售，早于亚马逊开启在线业务的时间。当时，顾客通过必胜客的在线订购平台 PizzaNet，点了大份意大利辣香肠和蘑菇比萨，额外加了奶酪。

但是，早期的在线购物存在许多困难，特别是许多互联网用户对在线提供信用卡信息感到担忧。为了缓解这些担忧，网景公司开发了一套用于处理数据的协议和规则，以确保金融信息不会被窥探。加密套接字协议层（SSL）是埃及密码学家塔希尔·盖莫尔（Taher Elgamal）于 1995 年发明的。后来，SSL 被传输层安全（TLS）取代。

大约在同一时间，一批专业的在线支付公司相继成立，包括 GlobalCollect、Authorize.net 和 Bibit。然而，它们经常将在线购物与银行账户直接绑定，这引发了一些顾客的担忧。直到后来全球最大的在线支付平台 PayPal 诞生，才带来了一种更加安全的技术，为真正推动在线购物发展起到了关键作用。

第一家网上商店

1984 年 5 月，英国盖茨黑德一位 72 岁的奶奶简·斯诺博尔（Jane Snowball）购买了一桶人造黄油、一包玉米片和一些鸡蛋。这次购物虽然通过互联网完成，但斯诺博尔本人并没有电脑——她通过一个名为“可视图文”（Videotex）的小型硬件完成了这次线上购物。这个硬件设备将电视转变成一个计算机终端，向她展示可以从当地乐购超市购买的 1000 多种杂货商品的清单。

斯诺博尔成了盖茨黑德购物实验的第一个试验者，而这个实验后来演化成了如今的在线购物。当时，她因为摔断了髋骨而不得不卧床养伤，足不出户购买日用品对她来说具有实际意义。由于当时互联网支付尚未普及，所以她在司机送货上门后才付了款。

PayPal 最初指的是一款产品，而后才演变为一家公司。1998 年 12 月，由彼得·泰尔（Peter Thiel）、马克斯·列夫琴（Max Levchin）和卢克·诺塞克（Luke Nosek）创立的安全初创公司康菲尼迪（Confinity）开始运营 PayPal。最初，康菲尼迪主要开发能够保护个人数字助理（PDA，也称为掌上电脑）和其他手持设备的工具，但这些业务发展得并不顺利。于是，他们转而创建了用于在线支付的 PayPal 数字钱包。这三位创始人后来被誉为“贝宝帮”（PayPal Mafia）。

与此同时，南非企业家埃隆·马斯克与几个同事共同创办了在线银行 X.com。2000 年 3 月，X.com 和 PayPal 决定合并，双方认为联合运营更具竞争优势。

PayPal 公司正式成立后，由马斯克担任 CEO。PayPal 公司与各大在线购物网站展开紧密合作，并于 2002 年 10 月以 15 亿美元的价格被易趣收购。易趣是皮埃尔·奥米迪亚（Pierre Omidyar）在 1995 年 9 月创办的在线拍卖网站，对于很多人来说，易趣就是在线购物的代名词。

尽管易趣在运营的第一天无人问津，但有关这个网站的消息不胫而走。皮埃尔·奥米迪亚在 1996 年夏季决定全身心投入网站建设，当时易趣的月收入已达 1 万美元。到了同年秋天，易趣每天都要举行近 1000 场拍卖。易趣可以让用户更方便地进行在线购物支付，而且他们的 PayPal 账户是一个相对独立的金融工具，不需要直接连接到他们的银行账户。这增加了用户对在线购物的信心，从而刺激了在线零售业的发展。

传统商业街的没落与零工经济的崛起

互联网的历史与在线购物的兴起紧密交织，与传统商业街（即实体零售）的命运也密不可分。英国每天有近 50 家商店因客流下降而关闭；41% 的美国人则表示他们更喜欢实体购物体验，相较之下，只有 29% 的人更喜欢在线购物。尽管人们普遍更喜欢到实体店购物，但毫无疑问，随心所欲地在线订购各种商品，然后安心等待送货上门，实在是一种更为便捷的体验。

为顾客提供在线购物（不论是生活用品或其他商品）服务的工作人员，通常是从事零工经济（gig economy）[①] 工作的低薪员工。零工经济的工作者还包括外卖员或是优步（Uber）司机。

亚马逊等公司的配送车队驾驶着货车穿梭在城市里，驶过大街小巷，这使得在线购物对现实世界的交通产生了很大的影响。配送货车的行驶里程相较于轿车和其他交通方式，有了大幅增加。由于在线购物的影响，一些城市的交通格局也发生了显著变化。

① 零工经济指的是区别于传统“朝九晚五”、时间短而灵活的工作形式。这种工作形式利用互联网和移动技术，快速匹配供需方，是人力资源的一种新型分配形式。

很多城市希望采取措施以解决交通问题，例如禁止送货的货车进入市中心。

投递包裹和信件的派送员同样对交通造成了影响。虽然如亚马逊等公司拥有自己的配送车队，但是实际上，国家邮政服务承担了整个国家范围内的信件和包裹投递服务，不仅限于这一家公司的信件或包裹，还包括其他公司。在过去 10 年里，美国邮政服务处理的信件数量下降了 30%，从 1692 亿封减少到 121.8 亿封，而包裹的投递量则从每年 14 亿个增加到 73 亿个。

由此可见，在线购物切切实实地改变了我们的现实世界。有人认为，这种改变给我们带来了积极的影响。

数字鸿沟

现代社会的许多重要服务已经迁移到在线平台上，包括办理银行存取款、申请护照、获得政府服务等。这种数字化转变已经成为我们现代生活的一部分，为那些能够使用互联网并且熟悉互联网技术的人提供了更多便捷。

但是，并非每个人都愿意跟随技术的快速发展。人们对技术的采用和依赖程度存在差异，有些人愿意将生活的很多方面都转移到在线平台上，而另一些人则不愿意这样做。这种差异逐渐扩大，形成了所谓的数字鸿沟。

我们常常将数字鸿沟看作一个整体问题，但它实际上包括许多不同的、独立的问题，就好比尖锐的物体切割冰面时，会在冰面上留下一道道不同的裂痕，让冰面分裂出许多碎片。从整体上看，数字鸿沟分割出两大群体：一边是那些习惯使用智能手机或笔记本电脑来处理生活事务的人，另一边则是不使用这些技术的人。在富裕的发达国家，自由的选择比较常见（但并不是每个人都完全自由），但在很多发展中国家，数字鸿沟更加显著，它明确地将人分成两类：一部分人有能力购买智能手机并享有可靠的互联网连接，而另一部分人没有这种能力。

根据全球移动通信系统协会（GSMA）的数据，全球有32亿人口生活在可接入移动宽带网络的地区，但未订阅移动宽带服务。这意味着全球有40%的人口处于数字鸿沟的劣势一侧，他们无法充分参与数字化社会和经济中的各种活动。

即使在现代，拥有智能手机也不是每个人的常态。我的父母没有智能手机，他们选择坚持使用行业内称为“功能手机”（feature phone）[①]或“非智能手机”的设备，这些手机可以拨打电话和发送短信，也可以访问专门为移动设备设计的、没有图片的网站。我父母的情况并不是个例——根据全球移动通信系统协会的数据，全球约四分之一的人口没有智能手机。智能手机的普及率因所在地区而异：在北美地区，智能手机的普及率达到82%；在中国，这一比例为77%；在撒哈拉以南非洲，这一比例仅有64%。

我的父母没有智能手机，这意味着他们无法享受一些现代科技带来的便利，比如无法提前填写牙科诊所发过来的线上表格进行预约，无法使用手机应用程序点餐和支付，无法获得银行为移动银行客户提供的更高的储蓄利率。

这种情况的确让人苦恼。但请记住：在线购物和移动应用的普及，导致实体店正在以前所未有的速度关闭。2017—2021年，美国关闭了近十分之一的实体银行网点；2021年，英国每天至少关闭2个银行网点。这让处于数字鸿沟劣势一侧的用户面临诸多不便，他们的日常生活受到了影响，甚至包括寻找爱情。

① 介于传统手机和智能手机之间的手机类型，具有基本的通信和娱乐功能。

网上生活与爱情

在线交友行业正蓬勃发展，而其历史远比一般人所知更悠久。1959 年，斯坦福大学的学生推出“幸福家庭规划服务”（Happy Families Planning Services），自那以后，人们一直致力于用计算机分析调查问卷的答案，来寻找人们的完美灵魂伴侣。尽管如此，第一个真正的英语在线交友服务要数 1986 年推出的“红娘电子笔友网络”（Matchmaker Electronic PenPal Network），这项服务利用 BBS 将寻觅爱情的同道中人连接在一起。

这个 BBS 最终演变成了在线平台 Matchmaker.com，它为互联网早期在线交友网站的结构奠定了基础。尽管 1994 年推出的 Kiss.com 普遍被认为是第一个现代的交友网站，但 1995 年推出的默契网（Match.com）才真正成为在线交友行业内的佼佼者。

关于 Match.com 的创始人，我们已经在前文介绍过——早期的网络企业家加里・克雷门，即情色网站 Sex.com 的拥有者。Match.com 的启动资金仅为 2500 美元，这笔资金是通过信用卡贷款获得的。这个网站还有一个大胆的宣言：“Match.com 将为这个星球带来自耶稣基督诞生以来最多的爱情。”仅仅三年，Match.com 的价值已经达到600万美元，成功撮合了200对情侣结为夫妇，同时还直接促成了十几位婴儿的降生。1998年，注册成为该网站月会员（9.95美元）或年会员（60美元）的用户已经达到50万，每周还有1万新会员加入。

线上婚礼

座位安排通常是筹备婚礼时最棘手的环节，但乔治·迈克·斯蒂克尔（George Mike Stickel）和黛比·弗曼（Debbie Fuhrman）却将一切安排得妥妥帖帖——他们决定完全放弃传统的婚礼策划。那是1983年情人节，这对夫妻计划在这个特殊的日子举行婚礼。当时，斯蒂克尔29岁，弗曼23岁。这对夫妻原本打算在得克萨斯州大草原的某处举行婚礼，但是66名婚礼宾客却散居在美国各地。

弗曼的妹妹身处加利福尼亚州，在萨克拉门托的无线电器材公司工作，她的父母则住在亚利桑那州的凤凰城。他们同时注视着连接到CompuServe的CB模拟器的电脑屏幕——一款早期的互联网聊天服务，因模仿市民波段的广播方式而得名。主持婚礼的牧师询问弗曼："你是否愿意与迈克结为合法夫妻？"弗曼在电脑上输入"我愿意"。此时，婚礼宾客的屏幕上闪烁着"亲吻"的字样。这对幸福的夫妇成功在得克萨斯州举行了婚礼。

现在，Match.com 已经不再是唯一的约会服务提供者了，而且其网页界面在今天看来已经有些过时。如今，可以让人相互联系或寻找人生伴侣的应用程序不在少数，其中在线约会服务公司 Match Group 推出的交友软件“火种”（Tinder）堪称佼佼者。火种于 2012 年在洛杉矶西好莱坞举行的“编程马拉松”（hackathon）比赛中诞生，这个交友软件的原理非常简单：用户可以滑动屏幕上的卡片，选择是否有兴趣与看到的人见面。这种方式更像是一款娱乐游戏，而不是传统的约会。

短短两年内，火种每天吸引了数十亿次滑动操作，每 24 小时实现 5 亿次成功配对。如今，火种每季度为 Match Group 贡献 4.4 亿美元的营收，每天有 7500 名用户登录使用。

越来越多的迹象表明，利用类似火种这样的约会应用，已经成为一种常见且合法的寻找约会的方式，即用户通过向右滑动头像尝试与自己喜欢的人配对。斯坦福大学进行了一项主题为“情侣从相遇到相守的过程”（How Couples Meet and Stay Together）的研究项目，该项目结合历史数据以及在 2009 年和 2017 年进行的两次现代调查，进一步佐证了这一结论。

数据显示，1995 年仅有 2% 的夫妻是通过互联网认识的。然而到了 2017 年，这一比例已飙升至 39%，超越了通过朋友介绍（20%）及在酒吧或餐馆相遇（27%）的夫妻。

使用应用程序或在线交友网站相遇并结为夫妻的人可能觉得自己是先驱者，是第一代经过算法匹配的罗密欧与朱丽叶。但实际上，他们并不是第一批通过互联网寻找爱情的人——远远谈不上。上文关于乔治·迈克·斯蒂克尔和黛比·弗曼的故事可以验证这一事实。

第一个在线聊天服务提供公司CompuServe开发的CB模拟器与火种等应用有很多出乎意料的相似之处。斯蒂克尔和弗曼的婚礼被誉为世界上第一场虚拟婚礼，但它绝不是唯一的一场。1991年，另一对夫妇在拉斯维加斯举行婚礼，他们的仪式被70多名虚拟观众见证。还有一些人虽然没有通过CompuServe的聊天服务走向婚礼，却在那里找到了终身伴侣。

2009年，CompuServe停止支持CB模拟器，该平台被正式关闭。然而，通过CB模拟器促成的一些婚姻却持续了更长的时间，这实际上是对真爱的证明——不论人们是如何相遇和结合的。

粉丝圈及网络围攻

神奇的互联网不仅可以帮助人们建立情侣关系，还可以将分布在世界各地的同道中人聚集在一起。

粉丝圈并不是什么新鲜现象：人们成为某个体育比赛队伍的粉丝的历史，可以追溯到几个世纪前，而成为热门音乐人的忠实追随者也有几十年的历史。现代粉丝文化的兴起可以追溯到20世纪60年代，当时，一些狂热的星际迷（Trekkies）建立了邮件订阅的粉丝俱乐部，并在发烧友大会上相聚。粉丝文化甚至在1968年成功挽救了经典的《星际迷航》系列遭停播的命运。当时，粉丝们正在参观这部剧的摄影棚外景，无意中听到这部剧可能不会继续播出。于是，他们发起了一场写信运动，向播出该节目的美国全国广播公司表明，《星际迷航》拥有众多的忠实观众。

于是，电视网络突然中断正常的节目播出，呼吁观众停止寄信，因为他们已经决定继续播出《星际迷航》了。

随着互联网的普及，粉丝圈也变得空前活跃。

突然之间，遍布全国甚至全球的粉丝可以相互交流了。他们可以分享琐事，就自己热衷的事物展开激烈讨论。与组织传统的线下写信运动所带来的挑战不同，基于互联网的粉丝圈能够更迅速、更便捷地汇聚他们的集体力量。

这种集体力量不容小觑。2009年6月25日，流行歌手迈克尔·杰克逊（Michael Jackson）去世，享年50岁。这一消息立刻成为全球头条新闻。这位流行巨星的离世也意外地对互联网产生了深远影响。

好莱坞八卦网站“三十英里区域”（Thirty Mile Zone）率先报道了杰克逊离世的消息，结果该网站的访问量激增，一度陷入瘫痪。与此同时，人们转向谷歌搜索杰克逊的信息，导致谷歌的流量急剧上升，初期还被误认为是恶意的分布式拒绝服务攻击。推特和维基百科也成为人们搜索关于杰克逊去世信息的主要平台，但它们也多次出现了严重的宕机现象。一项分析表明，杰克逊去世当天，整个互联网的流量上升了五分之一，人们纷纷通过互联网获取更多信息。这一事件突显了互联网已经成为现实世界的中心，它正对人们的世界观产生深远影响。

如今，韩国流行音乐（K-pop）这个不断壮大的产业也出现了最强大的粉丝圈。通过推特和汤博乐（Tumblr）等平台组织起来的忠实粉丝会高度褒扬那些被精心打造的“偶像”——这个词并没有讽刺的含义。通常，粉丝圈会将自己喜欢的偶像捧上神坛，对他们的一举一动表现出非常虔诚和狂热的崇拜，有时候，这种崇拜程度甚至可以媲美宗教信仰中的虔诚。

防弹少年团（BTS）在韩国流行音乐领域的名气数一数二。这支男子乐队成立于2010年，截至目前，他们至少获得了23项吉尼斯世界纪录，其中包括流媒体音乐平台 Spotify 播放量最高的乐队、拥有最多 Instagram 粉丝关注的用户，以及在推特平均互动次数最多的乐队。

不可否认，防弹少年团的成功离不开他们的才华，但是，这一系列吉尼斯纪录却并不仅仅因为他们的才华，还要归功于他们的忠实粉丝群。防弹少年团的粉丝自称“阿米”（ARMY，意译为军队），而且他们的行为也展现出高度的团结性。

防弹少年团的粉丝成员对自己的偶像可谓盲目支持，他们可以迅速且积极地组织在一起，澄清网络上一切关于偶像的“误会”，即使这些“误会”可能基于事实。作为一名曾经报道过防弹少年团及其成员的记者，我曾收到数千名自称防弹少年团粉丝发来的死亡威胁和网络攻击。

他们是狂热粉丝圈的典型范例，展示了互联网社区的优点和缺点。一方面，这些粉丝勇于追求自己的爱好兴趣，实在令人钦佩；另一方面，他们的行为也遵循着某些不成文（有时甚至明文）的规则：面对任何有关偶像团体的负面报道或讨论，他们有可能采取过激行动予以回应。

尽管防弹少年团的粉丝行为属于典型，但是他们并非极个例。泰勒·斯威夫特（Taylor Swift）的全球粉丝自称 Swifties[①]，他们通常聚集在互联网聊天室和社交媒体平台上，通过有组织的话题标签进行互动。约翰尼·德普（Johnny Depp）的粉丝也形成了自己

① 中国粉丝一般将泰勒·斯威夫特称为“霉霉”，她的粉丝则自称为“霉粉”。

独特的粉丝团体。2022 年，德普状告前妻艾梅柏·赫德（Amber Heard）诽谤案审判期间，德普的粉丝通过社交媒体上有组织的集体行动来支持德普并抨击赫德。

粉丝圈文化有利有弊。

全球知识尽在指尖

粉丝圈对偶像遭受的冒犯或侮辱会保持长久的怀恨，而互联网也会持久地保存相关信息。

互联网犹如一只奇怪的野兽，总是不断地发展和变异，充满新奇的事物。一方面，互联网的集体记忆犹如金鱼的记忆般短暂；另一方面，互联网的核心却埋藏着一种类似大象的记忆能力，能够保存和检索大量信息。

短期记忆丧失是互联网的不断更新和扩张导致的。互联网不断涌现大量新的网站和域名，美国域名注册服务的主要提供商威瑞信公司（VeriSign）每天要提供11000个全新的注册域名。

这些新网站带来了大量的新信息。与此同时，我们希望与他人保持联系，于是我们会在脸书、Instagram、推特、抖音等社交网络上向朋友和粉丝发布更新，例如上传家庭照片和度假照片。这意味着我们不断为互联网的集体知识数据库贡献新内容。

旧信息不断被新信息取代，而各种通知和提醒的声音也让我们更关注新鲜事物。互联网瞬息万变，每时每刻都有新内容吸引我们去关注。一些学者认为，不断涌现的新信息和新奇事物会减弱我们的专注力，不过支持这个观点的数据及其重要性也存在争议。

尽管人们总是渴望消费新信息，而且每天都会有新内容取代旧内容，但互联网仍然能够保存和提供很久以前的信息和数据。在某种程度上，谷歌等公司开发的搜索工具功不可没。这些工具使用户能够立刻搜索并获取互联网上所有的集体知识。如果用户想了解他们最喜欢的电视节目在2005年时的观众评价，他们可以使用谷歌等搜索引擎，通过检索互联网上不同历史时期的内容，找到专家和普通人在那个时候对这个电视节目的看法和评论。

互联网档案馆及其开发的网站时光机（Wayback Machine）项目也有助于人们挖掘和了解互联网历史。这家位于旧金山的非营利组织，由计算机工程师布鲁斯特·卡利（Brewster Kahle）于1996年创立，是一座储存了所有互联网知识的庞大数字图书馆。就好像我们可以前往传统图书馆借阅书籍一样，我们也可以访问“互联网档案馆”，获取大量不受版权限制的书籍、电影和电视节目。

马克·格雷厄姆（Mark Graham）是卡利的同事兼老朋友。据他介绍，互联网档案馆是卡利的心血结晶，他特意为这个非营利组织的建立奠定了坚实基础。“他努力积累财富，就是为了建设互联网档案馆的愿景。”格雷厄姆对我说道。1995年，卡利以1500万美元的价格将他创建的互联网首个发布系统广域信息服务器（Wide Area Information Server）出售给了美国在线。

尽管许多人可能会认为卡利的投入已经够多，但是卡利仍为了实现他的愿景不懈努力。他又创办了Alexa Internet——一家追踪互联网用户访问网站数量的公司。随后，这家公司也于1999年以2.5

亿美元的价格被杰夫·贝索斯收购。

“他的追求不是财富本身，而是为了一种更高尚的目标，即人人都可以获得知识。”格雷厄姆说道。互联网档案馆的理念很朴素：“人们能够自由获取和探索世界上所有已发表的知识。”

互联网的信息增长速度非常快，可互联网档案馆却试图捕捉和保留互联网上的所有信息，这似乎是一项不切实际的任务。但事实证明，互联网档案馆的工作非常成功，远远超出了人们的预期。

时光倒流

互联网档案馆在成立之际同时启动了一个重要项目，即网站时光机项目。然而直到五年后的 2001 年，该项目才正式向公众揭开面纱。其功能是捕捉互联网页面的实时快照，记录它们在不断变化中的各个状态，旨在赋予这个多变的互联网一份持久的记录。

自 2015 年以来，格雷厄姆一直担任网站时光机项目的负责人。作为美国空军前一等兵，格雷厄姆非常胜任这一职位。他曾在早期互联网上创建过一个名为“和平网”（PeaceNet）的原型网络。20 世纪 80 年代，和平网与另一个网络合并，最终演化为全球通信学会（Institute for Global Communications），它让许多人首次踏上进入互联网的征程。

“通过网站时光机，我们努力识别并保存公众可通过浏览器访问的材料。”格雷厄姆表示。他承认，网站时光机项目并不完美，但它全力拥抱多变的网络概念，为永久存储提供一个具有代表性的样本。

网站时光机通过处理各种各样的列表来实现自己的目标。它每天至少要处理 1 万个不同的列表，包括维基百科网站上 300 多种语言版本的页面，以及被 WordPress 等发布平台和 CloudFlare 等内容传递网络确定为值得永久存档的网址。此外，个人用户也可以点击网站时光机上的按钮，将他们希望永久保存的特定页面存档。

截至 2023 年 6 月，网站时光机已经存档了超过 8170 亿个网页，并记录了它们随时间推移所发生的变化。每天都有数以亿计的新网页加入集体数据库。根据格雷厄姆的介绍，在对全球网络进行扫描时，网站时光机每天会存档大约 15 亿个网址的新版本。

这听起来似乎很困难，就好像试图把果冻钉在墙上一样，但格雷厄姆却对其一笑置之。“我们大多都是工程师，”他说，“如果要从工程学的角度来解决把果冻钉在墙上的问题，我们总会找到方法。”或许，解决这个问题需要数月甚至数年的时间，但网站时光机总是能够找到解决方案的。

对于记者和寻求透明度的用户而言，网站时光机是一项利器，因为它有助于曝光那些企图通过删除或修改互联网上的数字记录来隐瞒事实的公司和个人。此外，粉丝圈也可以将网站时光机作为一种武器，查找某人过去的言论或行为，以找到他们的错误或矛盾之处。

但整体而言，网站时光机是在线问责制的重要组成部分，也使互联网这片天地变得更美好、更可信、更透明。

互联网如何塑造我们的语言

网站时光机和互联网档案馆的独特之处在于：它们通过保存互联网的历史数据，帮助人们观察互联网上人们的兴趣和语言是如何不断发展和改变的。这一现象一直备受语言学家的关注，包括像格雷琴·麦卡洛克（Gretchen McCulloch）这样的学者，他们对在线交流方式的不断演变充满研究热情。

麦卡洛克认为，互联网是一个充满原始信息的丰富矿脉。从快速输入的短信到一条条推文，人们在互联网上的交流更能反映他们真实的语言和交流方式，尤其是当他们认为没有人在真正倾听或注意时。互联网拥有丰富的信息源，犹如一座遍布金砖的金矿。在互联网诞生之前，专家们曾经花费了很多时间和精力，试图弄清楚如何获得这些信息。而现在，这些信息在互联网上可以免费获取。

例如，通过分析大量用户的地理位置信息数据，学者可以发现人们在称呼非酒精饮料等事物时的语言差异；此外，互联网还以更有趣的方式改变了我们的语言或展现了我们的个性。受限于字符输入容量和智能手机屏幕的展现篇幅，人们在互联网上书写时更注重简洁和紧凑，因此促进了首字母缩略词的广泛使用。

“放声大笑”（laughing out loud）被缩写成了“LOL”或如今更常见的“lol”，尽管现在它的实际含义已经发生了变化，不再像字面意思那样表示真正的放声大笑。“lol”的变形是“lulz”，由臭名昭著的综合型讨论区 4chan[①] 在 2000 年创造，表示幸灾乐祸地笑。

同样，“IMO”是“依我之见”（in my opinion）的缩写。在论坛上及红迪网的子论坛中，“IMO”表示用户不羞于向陌生人提供意见。

此外，有一些缩写仅在特定的亚文化社区中有意义，但有时会渗透到更广泛的语境中。例如，排除跨性别的激进女权主义者（trans-exclusionary radical feminist）的缩写为“TERF”，它首次出现于 2008 年，用来描述那些自诩为女权主义者，但仅支持与其生理性别相同而非性别认同的女性。15 年后，由于有关跨性别人士权利的广泛讨论，TERF 一词开始成为常规用语。

互联网不仅影响了我们使用的词汇，还改变了我们使用标点符号的方式。麦卡洛克发现，互联网上不同用户对省略号的应用存在代沟。在互联网时代之前形成语言规范的用户更喜欢在文本中使用省略号，以此表示他们的思想正在进行，还没有轮到对方发言。这反映了不同年龄段的人在使用互联网标点符号时的不同偏好。

---

① 4chan 的言论自由度很高，亦设有签名文件、头像等一般论坛功能，不时引发重大事件（包括起底、网上欺凌等）。

对于年青一代来说，省略号可能会被视为一种具有被动挑衅色彩的行为——就像翻白眼的动作活生生地弹出屏幕。他们不拘泥于按照特定的次序或规则来发表言论，而是更倾向将自己的意识流

分割成独立的短消息

就比如这样

既可以让人有消化信息的空间

也可以表达独立的想法

明白了吗？

绘文字和表情符号

上面的分行信息是以一种俏皮的方式书写的，尽管读者不一定容易察觉，但这就是表情符号（以及它们的“前辈”笑脸图）发挥作用的地方。

只要稍作逗留，用户很快就会发现，互联网是一个充满语言陷阱的领域。亲朋好友可能会关注我们在聊天软件（例如WhatsApp）上的措辞，只要他们稍稍感到被冒犯，便会立刻展开批评；徘徊在网上的陌生人可能会挑剔我们在新闻网站评论区的留言，试图找出其中的问题。主要通过书面文字进行的在线交流，很容易导致误解。

书面文字交流的问题在于，书写时会失去口头交流时的许多微妙含义。口头交流中，人们不仅通过言辞，还通过语调、手势和面部表情传递信息，这有助于对方理解言外之意。然而，这种言外之意在书面文字中往往不明显，除非使用了引人注目的、明确的标点符号。例如，我们可以使用句号来表示对话结束或到此为止。

这个问题自互联网问世以来一直备受关注，因此，人们迅速制定了一些规避冗长争论的策略。

一些人快速采取措施，试图在他们的对话中传达更多的含义、感情或暗示。

表情符号（emoticon）一词由“情绪”（emotion）和“符号”（icon）的英文单词组合而成，被视为弥补在线文字交流中信息不足的一种策略。传闻，它的起源与大学电梯里发生汞泄漏的危险事件有关。但更确切地说，并没有这样的故事。

1982 年 9 月，卡内基梅隆大学用户留言板的用户们临时抛开了一些重要议题，开始就一个离奇的电梯实验展开幽默的讨论。他们猜想，如果把电梯充满氦气然后切断电缆，会发生什么情况。电梯会自由落体坠入井道，还是在飘浮在原地？还有人提问：如果在电梯内同时点燃一支蜡烛并加入少量汞，会有什么奇特的变化发生？

果不其然，玩笑总是一不小心就开过火了。一名用户在留言板里发布一则消息：“警告！学校最近进行的一项物理实验导致最左侧电梯受到汞污染，有可能引起火灾。清汞工作将在星期五早上 8:00 之前完成。”

绘文字的出现

20 世纪 90 年代末，由于日本移动通信网公司（NTT DoCoMo）及其员工栗田穰崇的共同努力，表情符号逐渐演化成了如今的绘文字。栗田设计了一套包括 176 个常见物体和情绪的图形符号。

随着智能手机逐渐普及，绘文字才真正被用户广泛使用。2015年，“笑哭了”绘文字当选《牛津词典》年度词——这是2015年全球使用率最高的绘文字。

对于那些了解这个玩笑背后故事的人来说，这则信息是一个有趣的补充。但并非所有人都了解这个消息的背景，因此一些人在不了解上下文的情况下看到这条消息后，感到惊慌不已。

这个玩笑很快被澄清，而且对话的焦点转向了如何确保不再发生诸如此类的混乱局面。这牵扯出文字交流时一直存在的问题：说话者无法向读者或听众传达一些微妙的暗示（例如笑或挑眉），以表明自己正在开玩笑。

众人纷纷提出不同建议，最后，斯科特·法曼（Scott Fahlman）教授提出了我们今天仍在使用（或一定程度上仍在使用）的解决方案：

> 我提议使用以下字符序列作为笑话或幽默的标记：
>
> :–)
>
> 请横向阅读。

人们很喜欢这个提议，纷纷采纳并开始使用。这就是表情符号的起源。随后，;–) 和 :–P 等变体表情符号相继诞生。它们不仅在卡内基梅隆大学内广泛传播，还走向了世界各地。

混乱与困惑

直到不久前，发送一些不常用的绘文字还可能让对方产生困扰。问题在于：如果发送方和接收方使用的设备及设备商不一样，那么发送方精心挑选的绘文字，可能会出现不同的显示效果。

如今，绘文字“跳舞的女人”的图标已经在各种设备、应用和平台上相对标准化。这是一个正在跳萨尔萨舞的女性，身穿红色礼服，摆出最华丽的姿势。尽管这个图标在不同设备上已经相对统一，但具体的姿势和一些细节仍会因发送设备而有所不同。例如，在苹果设备上，这名女性穿着华丽的褶边裙子和红色鞋子；而在三星设备上，她穿着笨重的黑色绑带高跟鞋。

绘文字“跳舞的女人”最早出现在 2010 年。起初，这个绘文字描绘的并不是一个正在跳舞的女性。在微软的设备上，它在好长一段时间里都只是一个灰色的人物图标；而在谷歌的设备上，它是一个男性形象。

不同的设备和应用程序可能以不同的方式呈现相同的绘文字，“跳舞的女人”并不是单独的个案。绘文字“枪支”的图标也是一个典型的例子。许多平台已将这个绘文字更改为不同形式的水枪，但一小部分平台还是使用六发式左轮手枪的图标来表示。不同科技公司在自己的平台上对绘文字的描绘截然不同，因而造成了用户很大的困惑。这些公司开始认识到，如果要协调和解决这个问题，至少需要两家不同的公司互相合作，就像跳探戈舞时需要两个人协调一样。渐渐地，不同平台上的绘文字开始朝着中间地带靠拢，它们的图标与竞争对手的图标看起来趋于一致。

表情图标百科（Emojipedia）是一个追踪全球绘文字使用情况的组织，它表示，2018 年是“绘文字趋同之年”。至此，这个旨在减少误解的快捷方式不再引起用户的困惑了。

现在，批准新绘文字的过程变得复杂且官僚化。统一码联盟（Unicode Consortium）负责监督绘文字的申请过程，它号称绘文字的守门人。有意申请新表情符号的人必须提供详细的材料，解释为什么他们选择的图标在全球范围内具有文化相关性。如果在第一轮审批中获得批准，那么这些绘文字会被提交到一个小组委员会，这个委员会会决定哪些绘文字可以纳入年度更新，最后再由智能手机制造商和应用程序开发商相应实施。

绘文字的数量越来越多。现在大约有 3600 个绘文字可供用户在对话中随意使用，而在 2010 年前后，可供选择的绘文字只有大约 700 个。为了避免绘文字泛滥，统一码联盟对审批过程越来越审慎。截至 2022 年中期，他们仅提出了 31 个可能被采纳的新表情符号，相较于 2021 年批准的 112 个以及 2020 年批准的 334 个，数量大幅减少。

为什么要缩减绘文字的数量？答案是“过犹不及”。在华盛顿西雅图举行的2022年绘文字大会（Emoji 2022）上，拥有爱丁堡大学绘文字研究博士学位的亚历山大·罗伯逊（Alexander Robertson）发表了一篇论文。他表示，绘文字的未来幽灵向我们发出警告：即使每年只增加10~15个绘文字，到7022年，我们也将拥有62 000个绘文字，这个庞大的数据是成年人平均词汇量的两倍。

图形交换格式文件

与绘文字一样，在线交流中的另一个重要元素也具有很长的历史。这个元素就是图形交换格式文件（GIF）——一种由多个图像组成的动画，通过循环播放这些图像，可以创建出类似短视频的效果。

GIF 可以在很短的时间内表达或传达复杂的情感——典型的“一张图胜过千言万语”。它们不仅经常在推特的话题讨论和论坛中出现，还在各种群聊中被用来回应一些令人震惊、兴奋或悲伤的消息，尤其是当文字已经不足以表达复杂情感的时候。此外，GIF 产业也逐渐崭露头角。2020 年，Meta 公司——运营脸书、Instagram 和 WhatsApp 的公司——以 3.15 亿美元的价格购买动图网（GIPHY），这是一个庞大的可搜索 GIF 数据库。

GIF 在互联网生态系统中拥有重要地位，因此，英国的竞争监管机构在 2022 年宣布不允许这一大手笔的交易。英国竞争与市场管理局（CMA）认为，将动图网出售给 Meta 公司，可能会导致互联网领域的权力过于集中在极少数大型公司手中，因此 Meta 公司被迫重新出售动图网。

GIF 逐渐成为传达明确信息和表达感情的工具，同时也受到竞争监管机构的仔细审查。但在此之前，GIF 并没有什么特别之处，只不过是一种有效使用线上图片的方式，它可以减少网络宽带的使用，并加快图片的下载速度。

那是 1987 年——没错，GIF 的出现时间比万维网早——早期的互联网用户感到非常沮丧。他们曾经对未来感十足的通信平台抱有期望，期盼能够与世界各地的人互动。他们被承诺，这将是一个多媒体平台，可以像处理文本一样轻松处理图像。但实际情况却并非如此。

虽然已经出现了图像，但是图像的存储和分享往往占用大量的网络带宽，也就是我们今天熟悉的所谓“带宽贪婪者”（bandwidth hogs）[①]。这些图像文件体积太大，传输时间太长，特别是在互联网连接速度较慢的情况下（当时的平均网速约为 300 位 / 秒；现在由于技术的进步，美国的平均网速比当时快了 55 万倍）。这就好比有人要把一组三件套沙发塞进狭窄的走廊里：耗时、麻烦且令人懊恼。

我们不妨设想一下，在特定情境下，我们按小时支付搬家公司的费用。但是，我们不仅没有成功将沙发搬到希望的地方，而且还在这个过程中不断花费金钱。更糟糕的是，当终于可以将沙发放到指定的房间里时，我们却发现房间几乎没有足够的空间。这就是 1987 年 CompuServe 客户所面临的困境。他们上网时按小时

① 指在网络通信中占用大量带宽或网络资源的内容、文件或应用程序。

计费，而他们使用的计算机存储空间却非常有限。如果他们希望获得多媒体的、图片丰富的互联网体验，就必须花费大量时间等待文件下载成功。然而，时间就是金钱——等待的时间越长，面临的上网费用就越高。而且最后，他们根本无法将下载的文件有效地存储到个人电脑上。

GIF 的精确概念

这个难题让史蒂夫·威尔海特（Steve Wilhite）感到很烦恼。这名四十多岁的工程师来自俄亥俄州威彻斯特镇，母亲是护士，父亲是工厂工人。20 世纪 80 年代，威尔海特在 CompuServe 担任工程师和计算机科学家，他明白图像的重要性，但也意识到必须采取措施压缩图像体积。

GIF 是解决问题的答案，但当时的 GIF 还没有动态效果，直到 1989 年威尔海特对 GIF 的格式进行更新。所以理论上，GIF 可以实现动态效果，但由于图像本身占用的数据量限制了帧重复的次数，导致用户不能轻松创建流畅的动画。

没有人确切知道第一个动画 GIF 是什么内容。有人说，可能是一架像素卡通飞机穿过云层，有人说是一张气象图。虽然人们对第一个动画 GIF 的内容存在不同看法，但他们普遍认同，GIF 历史上的一个重要转折点是它们开始支持循环播放。

GIF 就好比面向儿童的动画小册子，由一系列静态图像组成。当用户迅速循环播放这些静态图像时，它们看起来就好像在流畅地移动，就像动画一样。GIF 的独特之处在于，它们可以无限循环，不断重复播放其中的内容。这个循环会一直持续，直到用户关闭浏览器标签或将屏幕滚动到其他地方。不过，早期的 GIF 不能无限循环播放，它们在播放完一轮后就停止了。直到 1995 年当时的网景浏览器引入一项新功能，GIF 才实现了循环播放，即当它们播放到最后一帧时就会自动重新开始，无限重复。

GIF 图片的压缩

1984 年，三位工程师亚伯拉罕·兰博（Abraham Lempel）、雅各布·立夫（Jacob Ziv）和特里·卫曲（Terry Welch）共同开发了一种数据压缩算法，成为压缩图片的解决方案。威尔海特看到了这篇题为《高性能数据压缩技术》（*A Technique for High-Performance Data Compression*）的研究论文，并认为这种数据压缩技术可以用来压缩图像。

这个数据压缩算法也称为兰博 - 立夫 - 卫曲算法（Lempel-Ziv-Welch, LZW）。这个算法在操作上相对容易理解：当检测到数据中的相同重复实例时，将它们合并在一起。以文本为例，假如文本中出现三次连续"断行"，这个算法就会将它们合并成"三次断行"。以图像为例，一张图像可能会出现三个蓝色像素，这意味着需要不断重复"一个蓝色像素"。但使用这种数据压缩算法，它就可以更紧凑地表示为"三个蓝色像素"。实际上，我们在日常生活中也经常用到这种技巧。例如，假如一串号码里面出现了“00”，我们通常很少把它们全拼读出来，而是更习惯说“两个零”。

LZW 算法还能够混合颜色，例如将红色和橙色混合为“rorange”像素，或将蓝色和白色混合为“blite”像素。这种方法既快速又节省空间，促成了 GIF 格式的诞生。顺便一提，威尔海特坚持 GIF 的发音应该是“jif”（/dʒɪf/），而不是“gif”（/gɪf/），但其实两个发音都被人普遍使用。

“正在施工”的 GIF 动图

GIF 与网景浏览器的结合，对于万维网上的 GIF 产生了开创性的影响。与此同时，多亏了雅虎地球村等免费的、靠广告支撑的网络托管公司，个人网站开始在互联网上迅速兴起。那时，刚踏入互联网世界的用户似乎热衷于拥有自己的在线空间，并纷纷开始建设最基础的网站。

但是在这场创新竞赛中，有些网站创建者经常在网站尚未完全完成的情况下就提早发布。他们逐渐完善在线网站的不同部分，就像逐层逐级地建设房子。没等网站全部建设完毕，他们就迫不及待地举行了线上的“乔迁喜宴”。

多亏了 GIF 及一系列后来成为早期互联网代表的图像，提早发布未完成网站不再是一个大问题。例如，为了传达网站正在建设的信息，人们开始广泛使用名为“正在施工”（Under Construction）的 GIF 动画图像。这个 GIF 图像以醒目的黄色和黑色动画形式出现，经常伴随文字解释网页正在施工，其设计灵感充分借鉴了现实世界中道路和建筑工地上设置的标志和警示锥。它们象征着那些刚刚加入互联网社区的网民的心情，自豪爱家的他们带着几分急切，迫不及待地宣告："我已经加入网络社区，不过我还没有布置好房子。"

对于那些曾经亲历20世纪90年代互联网鼎盛时期的用户来说，"正在施工"GIF动图是一种强烈的视觉回忆，一如56 K调制解调器通过电话线连接到互联网时发出的尖锐刺耳的声音，几乎可以立刻将他们带回到那个时代。随着时间的推移，早期互联网时代的一些关键服务提供商已经消失，比如在2009年10月27日关闭的雅虎地球村。这些早期互联网时代的特征和元素也已经渐渐式微，尽管如此，这些元素仍以某种方式存在着。

在互联网档案馆工作的档案管理员杰森·斯科特（Jason Scott）决定尝试保存早期互联网时代的重要元素，以供未来的人们参考和研究。在雅虎地球村关闭其服务并删除所有数据之前，杰森·斯科特成功地保留了网站里959个"正在施工"GIF图像。这些图像如今已经保存在互联网档案馆的专用网站里。

用户滚动网站页面时，映入他们眼帘的是那些引人注目、不断闪烁的元素，它们构成了一个独特的见证。它们代表了互联网早期时代，这是许多人从未亲历的时光。但是，曾亲历这个时代的用户却对它爱得深沉。

GIF 活力如初

雅虎地球村的关闭和互联网早期时代的结束并没有导致 GIF 图像的终结。互联网的发展让用户越来越注重视觉内容，而且宽带连接也带来了更广泛的多媒体元素。在这一趋势下，GIF 图像在互联网中的重要地位依然不可撼动。GIF 图像成为在线生活和在线沟通的重要组成部分。

GIF 图像逐渐发展为一种普遍的表现形式，而不再是一种奇怪的、类似网络迷因（meme）[1] 那样的表现方式，就好像 20 世纪 90 年代中后期吸引了早期互联网用户的跳舞宝宝动图一样。熟悉电视剧《甜心俏佳人》（*Ally McBeal*）的观众都知道，剧中的主角时常看到一个 3D 生成的婴儿穿着尿布，摇摇晃晃地走动。这就是 20 世纪 90 年代最早的网络迷因之一——跳舞宝宝。

跳舞宝宝是一个在黑色背景板前跳舞的婴儿，使用了三维建模和渲染软件 3D Studio Max 的 Character Studio 插件制作而成。随着其在互联网上的传播，用户对这个宝宝进行了重新创作，并开

① 在网络上由一用户传至另一用户的图片、视频等内容。

始通过电子邮件分享作品。跳舞宝宝的网络迷因诞生于 1996 年秋季，数十年后仍然备受欢迎。

2012 年，“GIF”当选《牛津词典》年度词。GIF 图像已经成为 Tumblr 等社交媒体平台的主要交流方式之一。以 Tumblr 为例，该平台于 2007 年创建，但到了 2016 年，每天上传到平台的 GIF 图像就已经超过 2300 万个；在美国网络媒体 BuzzFeed 网站上，GIF 已成为用户发布帖子时的核心元素；此外，2014 年，纽约一家博物馆还推出了以 GIF 为主题的展览。

根据一位学者的观点，大约在 2011 年，GIF 图像就成了互联网用户独一无二的回应方式。该学者指出：“这些从电影和电视节目中摘取的短暂动态图像，主要用于俏皮地表达常见的观念和情感。”

尽管 GIF 曾多次被宣告陨落，甚至与 GIF 图像紧密相关的平台 Tumblr 也曾不自觉地厌弃过它，但它仍顽强地生存了下来。2015 年，Tumblr 的工程团队曾表示“GIF 图像已经过时，它们只制造了一大堆低质量的动画图像”，但最终，该团队还是收回了对 GIF 图像的成见。

GIF 图像的活力如初。虽然高速互联网的发展让我们能够随时随地观看流媒体视频，但是 GIF 依旧深得人心。

网飞公司的发展

随着 GIF 图像、抖音及其他类似应用的兴起，短小且循环播放的视频已经把用户的注意力紧紧拴住了。但随着更快的宽带和无限量的数据连接的出现，现在我们也很有可能坐在沙发上尽情享受互联网传送给我们的长篇剧集和电影。网飞、亚马逊 Prime 和“迪士尼 +”等流媒体服务已经吸引了我们的关注，而点播视频也已经取代了我们定时收看传统电视节目的习惯。

然而，情况并非一直如此。尽管如今在专业制作在线视频领域占据主导地位，但网飞公司最初并没有提供在线服务。成立于 1997 年的网飞公司，起初是一家影片租赁服务提供商，它可以将用户选定的 DVD 邮寄到用户家，等用户观看后寄回，它就会再寄送出新的 DVD。然而不到十年的时间，邮购业务开始式微。随着家庭宽带连接速度的提升，网飞公司推出了一项在线服务，允许用户在电脑上点播视频。网飞在 2023 年 4 月宣布，该公司将于 2023 年 9 月永久关闭 DVD 租售服务。截至当时，网飞公司已向 4000 万客户寄出了超过 52 亿张 DVD。

智能电视不仅可以通过无线 WiFi 连接到互联网，还可以像智能手机一样运行各种应用程序，它的出现让网飞公司从个人电脑走向家庭客厅里的大屏幕设备。通过网飞一口气看完整部剧集，已经成为常态，此外，传统电视制作人纷纷调整他们的制作和播放策略，希望与“流媒体平台”进行竞争。

纽约扬基队对战西雅图水手队

直播视频是指通过互联网将视频内容实时传送给观众，这种形式已成为在线体验的重要组成部分。例如，实时流媒体视频平台 Twitch 可以让游戏玩家全天候进行游戏实况直播。

尤其是在游戏、娱乐和其他领域中，观众可以实时观看并互动，这一趋势已经成为许多在线平台的重要特征。但是，直播的历史远比我们想象的要早。

1993 年 6 月 24 日，由加利福尼亚州帕洛阿尔托研究中心的计算机科学家和工程师组成的“严重轮胎损坏”（Severe Tire Damage）乐队举行了首次互联网视频直播。当时，这些工程师开发了一种新技术，可以在互联网上进行低清晰度的视频直播。他们的直播尝试取得了成功，就连澳大利亚等国家的观众也通过互联网观看了这次直播。

但是，首次直播尝试的规模很小，只吸引了一小群观众。直到 1995 年 9 月网络视频播放软件 RealPlayer 推出，实时视频直播才走向大众。当时，RealPlayer 直播了西雅图水手队对战纽约扬基队的棒球比赛，但只是提供音频直播。几年后，直播视频才逐渐成为主流——得益于宽带连接的普及，高清视频片段可以更便捷地在互联网上传播了。

这条裙子到底是白金色还是蓝黑色?

针对社交媒体上人们态度的分化，近年来出现了明显的趋势。尤其是在党派划分上，人们日益形成明显对立的阵营。这种社会分化是互联网带来的结果，其影响在唐纳德·特朗普当选总统之前就已显而易见。然而，造成这种趋势的显著标志并非政治立场，而是始于我们对一件衣服的颜色争论。

2015年2月，塞西莉亚·布利斯代尔（Cecilia Bleasdale）在英国柴郡奥克斯名牌奥特莱斯看到一件礼服，并在Facebook上发布了照片。当时距离她女儿的婚礼只剩下一周，她正在寻找适合这一重要场合的服装。塞西莉亚认为这件衣服很合适，但还是想先和女儿确认以下。但是，二人却对礼服的颜色产生了分歧：一人认为是蓝黑色，另一人认为是白金色。

这张照片引起了一位来自新闻网站BuzzFeed的记者的注意，经过他的传播，照片在网络上引发了热议：每个人对这件礼服的颜色看法各异。这一事件在网络上引起轰动，也让人们感到颇为困惑。最终，这种对礼服颜色感知的明显差异，被归因于一种光学效应（但实际上，礼服的颜色是蓝黑色）。

在网飞公司成为一家提供 DVD 租赁服务的公司之前，已经有电影在互联网上首映了。1995 年 6 月 3 日当地时间下午 6 点，总部位于西雅图的网络托管公司“网络接入点”（Point of Presence）播放了一部由帕克·波西（Parker Posey）主演的古怪喜剧《排队女郎》（*Party Girl*）。但是当时网络的流媒体质量并不是很好。电影的发行公司向记者表示，这次网络首映是一次有趣的尝试，但由于视频质量较低，它并没有对传统电影院产生竞争威胁。

传统电影院可能过于乐观了。如今，网飞公司发行的许多系列节目都拥有一批忠实粉丝，这些粉丝彼此间常常争论哪个系列节目更胜一筹。互联网分裂了人们的意见，直到前文提到的备受争议的绿色丝绸雪纺连衣裙出现在网络上（详见第三章）。

流行歌曲：《永不放弃你》

如果说那件分不清是白金色还是蓝黑色的礼服，绝对能引起互联网用户的广泛关注，那么网络世界还有另一个同样备受关注的焦点，那就是20世纪80年代的流行音乐明星瑞克·艾斯利（Rick Astley）。

互联网诞生以来，人们一直试图在网络上愚弄他人。其中一种欺骗手段就是“瑞克摇”（Rickrolling）[①]，即当受害者认为他们会收到指向其他内容的链接时，实际收到的却是瑞克·艾斯利在1987年发布的歌曲《永不放弃你》（*Never Going to Give You Up*）的视频链接。

“瑞克摇”源自备受争议的4chan图像BBS，始于2007年3月。当时，一名用户用瑞克·艾斯利的歌曲链接伪装成热门视频游戏《侠盗猎车手4》（*Grand Theft Auto Ⅳ*）预告片的链接。4chan乐于看到人们上当受骗，并在愚人节加大了这种行为的力度。根据2008年的一项调查，有1800万美国成年人表示自己曾遭遇过“瑞克摇”。

---

① 指误导某人点击恶作剧超链接。

截至 2008 年底，这首歌的音乐视频在 YouTube 上的点击量超过了 2000 万。

直到 2010 年，瑞克·艾斯利所在的音乐公司才意识到这首歌曲的流行程度，于是他们在 YouTube 上传了官方的音乐视频。自从官方音乐视频上传到 YouTube 以来，这个视频已经被观看了 13 亿次。但是，人们还是没有停止“瑞克摇”行为，继续在推特上复制这首歌的视频链接，愚弄毫不知情的受害者。一些人宣称这个链接是《蜘蛛侠》（*Spider–Man*）系列新电影的链接，而另一些人声称这个链接揭露了 2023 年初飞越美国的间谍气球的幕后策划者；还有人编造故事，声称这个链接是足球运动员莱昂内尔·梅西（Lionel Messi）表示希望加盟曼联的视频。

第六章

Web 3.0 和互联网的未来

互联网新纪元

在 Web 1.0 时代，万维网建立了基础的网络结构；在 Web 2.0 时代，少数科技巨头掌握了互联网的主导地位，对互联网的内容和服务进行了整合；在 Web 3.0 时代，互联网将打破传统模式，为网络的运行提供革命性的新范式。至少，这是 Web 3.0 概念的倡导者所宣称的。

2014 年，计算机科学家、以太坊（Ethereum）加密货币的创始人加文·伍德（Gavin Wood）提出了“Web 3”一词，并表示这个概念与我们习以为常的网络世界有所不同。伍德将现有的互联网版本类比为把所有鸡蛋放在一个篮子里。他在一次播客中表示：“我们都清楚，如果某项互联网服务出了问题，那么整个互联网都可能受到冲击，大部分用户都会受到影响。”当服务器出现问题或者系统内部流程配置错误时，互联网服务可能会中断，这种情况并不少见。例如，在埃隆·马斯克疯狂收购推特的过程中，推特的服务稳定性就受到了影响。

伍德的愿景受到了一小部分关注加密货币的社会群体的青睐。科技领域的早期采用者主要将加密货币作为货币的去中心化替代品，并坚信，这将从根本上改变我们的消费方式。2008年，一位名叫中本聪的神秘计算机科学家率先发明了比特币。“中本聪”是一个化名，很多人声称自己就是这名神秘的创造者，其中包括克雷格·赖特（Craig Wright）。克雷格·赖特曾对那些否认他是中本聪的人提起诉讼，试图证明自己就是中本聪本人。然而，目前仍然没有确凿的证据能够确认中本聪的真实身份。

不论中本聪究竟是何方神圣，他于2008年10月31日在互联网上发布了一份名为《比特币：一种点对点的电子现金系统》（*Bitcoin: A Peer-to-Peer Electronic Cash System*）的白皮书，这就发生在bitcoin.org域名注册后的一个半月内。这份白皮书介绍了一种不同于传统银行体系的金融交易方式，同时巧妙地抓住了人们对传统金融机构广泛的不信任心理。值得注意的是，当时2007—2008年的金融危机仍在持续，导致金融灾难层出不穷，而多数人将责任归咎于当时的银行体系。

第一枚比特币诞生于2009年1月3日。这个日期之所以尽人皆知，是因为它的创建代码嵌入了《泰晤士报》的一篇报道。那篇新闻的标题具有非常重要的象征意义，突显了中本聪所认为的比特币的存在必要性：

财政大臣准备对银行进行第二次纾困

比特币用于购买实物商品的首次记录，发生在2010年5月22日，当时早期的比特币采用者拉斯洛·汉耶茨（Laszlo Hanyecz）

想要购买一个比萨。于是，他在一个比特币爱好者论坛上发布了一个帖子，提出只要有人愿意给他送来一份比萨，他愿意向其支付 1 万比特币（当时，企业一般不接受比特币作为商品或服务的标准交换方式，但现在已经有一小部分企业可以接受比特币支付）。

数天过去了，没有人接受汉耶茨的提议，直到 19 岁的杰里米·斯特迪文特（Jeremy Sturdivant）决定试一试。两人通过 IRC 取得联系，汉耶茨随后向斯特迪文特支付了价值约 41 美元的 1 万比特币。汉耶茨要求的两份大比萨由棒约翰（Papa John's）的一名送餐司机准时送达到他位于佛罗里达的家中：斯特迪文特负责在线点餐，汉耶茨则负责支付这笔订单的费用。

木已成舟，历史已经无法被改变。回首过去，这或许是一个不明智的决定。尽管这次交易证明比特币可以用于实物交易，但这一直是加密货币怀疑论者最喜欢用来贬低这项技术潜力的论据。对于汉耶茨来说，更明智的做法或许是继续持有他的投资。截至本书撰写时，比特币的最高价值是在 2021 年 10 月，当时一枚比特币价值 66 974.77 美元——这意味着 2010 年用来购买两份比萨的比特币，如今的价值已达 6.7 亿美元。

去中心化互联网

Web 3.0 的核心是去中心化。这一理念认为，在过去二十多年的数字生活中，我们亲手将控制权交给了少数几家科技巨头。这些巨头不断从我们身上获取数据，然后将数据转手卖给广告商。有部分人强烈反对这些科技巨头的商业模式，认为这种做法不道德，但是这些公司一直以来声称自己的做法合法合规。

Web 2.0 时代给大多数人带来了好处：人们能够更方便地访问在线世界，而不像 Web 1.0 时代那样受到各种限制和困扰；人们可以使用谷歌账户登录到许多网站；不论是在哪个网站上购物，用户都可以使用 PayPal 账户进行在线支付。网络的使用变得更加简便、迅速和高效。

但是，Web 2.0 时代的效率却是以私营企业获得更多用户个人信息为代价的。随着一些丑闻曝光（比如第三章所介绍的剑桥分析公司事件），用户发现他们的信任遭到了背叛。这俨然是一种浮士德式的交易（Faustian bargain）[①]。

① 指为了获得权力、财富或其他短暂的成功而出卖灵魂或道德原则的契约。源自德国民间传说中的浮士德博士与魔鬼签订的一份契约，出卖灵魂以换取地上的荣华富贵。

在过去，我们将大量控制权交给了少数几家中心化公司，而这些公司却辜负了我们的信任。在 Web 3.0 时代，我们不能重蹈覆辙。Web 3.0 的理念是实现去中心化的控制，这意味着人们不再依赖谷歌或脸书等科技巨头来管理和掌控用户的数据和信息，没有任何个人或公司能够控制互联网的未来。Web 3.0 的目标是确保每位用户都能平等地访问和掌控自己的信息。

当然，信息都应该被保留或保存，事实上，用户信息存储在 Web 3.0 的另一个核心组成部分区块链上。区块链是一种用来记录交易和信息的数字账本，它类似传统账本，但以数字形式存在。信息被分成一系列区块，每个区块包含一定数量的交易或数据记录。这些区块储存在电脑上，每个区块都经过密码、密钥等技术验证，以确保其中的信息未被篡改或伪造。加密密钥的安全性和不可篡改性，保障了区块链上信息历史记录的完整性，使其难以被非法修改。区块链的副本存储在多个用户设备里，数据分布在网络上的不同用户的设备里。如果有人尝试篡改区块链的数据，其他节点会很容易察觉到不一致之处。

这意味着在使用加密货币投资时，理论上可以确保投资的安全性。然而实际情况并不总是如此。因为就像在现实世界中有银行抢劫一样，Web 3.0 的世界中也可能发生类似的不安全事件。

非同质化代币

2021年，非同质化代币（NFT）迅速走进人们的视野，成为热门话题，这主要是因为一系列事件将它从边缘地带推到了人们关注的舞台中央。NFT本质上是一种数字合同，可以用于标记各种物品（从葡萄酒到JPEG图像），但它们在大多数情况下与艺术品相关联，用来验证数字艺术品的真实性。

比特币数字交易平台戈克斯山遭黑客攻击

2014年初，日本的比特币数字交易平台戈克斯山（Mt. Gox）成为当时最大的比特币交易平台。所谓交易平台，就是人们可以用真实货币（法币）购买加密货币，或是与其他用户交换不同的加密货币。全球七成的交易都通过戈克斯山公司完成。

正因此，当戈克斯山公司在2014年2月宣布遭到黑客攻击并导致74万枚比特币（相当于当时所有比特币存量的五分之一）被盗时，这一事件更加让人震惊。截至2014年2月底，戈克斯山背后的公司已在日本和美国申请破产。那些将资金存入该公司的人蒙受了损失，加密货币和 Web 3.0 技术因此面临严重的声誉问题。

这一不良声誉问题影响至今，许多以区块链作为核心技术的技术领域也将继续受到波及。

当前，除了支持比特币的区块链，Web 3.0 早期采用者也可以利用许多其他区块链，其中最为人熟知的就是以太坊，它由加文·伍德创造，正是他也在 2010 年中期提出了“Web3”这个术语。以太坊是比特币的主要竞争对手，它可以运行一系列去中心化的应用程序。域名币是比特币的一个分支，它的诞生时间要早于以太坊，全球第一个 NFT 是在域名币（Namecoin）区块链上“铸造”的。

本名为迈克·温克尔曼（Mike Winkelmann）的比普（Beeple）设计了一幅名为《每一天：最初的 5000 天》（*Everydays: The First 5000 Days*）的 NFT 作品。2021 年 3 月 11 日，这幅作品在佳士得拍卖行进行拍卖，一夜之间改变了比普的生活。

在涉足 NFT 之前，比普的艺术作品单笔最高成交价是 100 美元，而且主要是以印刷品的形式出售。但随着 NFT 市场的炒作和主流媒体的广泛报道，他的一件 NFT 作品以 6900 万美元的高价售出。这次高价成交让比普在一夜之间成为艺术界的重要人物。佳士得拍卖行称，在拍卖锤落下的那一刻，比普立刻跻身成为最有价值的三位在世艺术家之一。

《每一天：最初的 5000 天》是一副由 5000 张数字图像组成的

拼贴画。这幅画之所以能以如此高的价格售出，部分原因在于当时 NFT 正处于风口浪尖。市场上的投资者因为加密货币价格的上涨而表现出极度兴奋和投机情绪。眼看着曾经的小额投资转化为巨额财富，他们开始运用新获得的财富在 NFT 市场上进行投机，即购买和出售 NFT 以谋取更多的收益。很快，买卖数码艺术品以赚取巨额利润的市场迅速崛起。

NFT 的“铸造”方式

我们有必要对 NFT 的“铸造”机制进行解释：NFT 本身并非艺术品，而是区块链上的记录，它保证了与之关联的艺术品的原创性。对于那些不太了解 NFT 的投资者来说，他们可能感到困扰的原因是：人们明明可以简单地复制粘贴他人拥有的 NFT 艺术品，并在其他地方使用这份复制品。但是，区块链技术具有不可修改或篡改的特性，这意味着 NFT 所依赖的智能合约无法被复制或篡改。智能合约就像真迹证明一样，可以将达芬奇的作品真迹与大量廉价赝品区分开。

名人也加入了这股风潮。在 2021 年 1 月的《肥伦今夜秀》（*The Tonight Show with Jimmy Fallon*）节目上，美国著名的社交名媛帕丽斯·希尔顿（Paris Hilton）与主持人吉米·法伦（Jimmy Fallon）探讨了 NFT，并互相展示了各自收藏的热门 NFT 系列——无聊猿猴游艇俱乐部（Bored Ape Yacht Club）。“无聊猿猴游艇俱乐部”

或许是最为知名的NFT系列之一，其中包含了1万个卡通猿猴图像。该系列于 2021 年 4 月推出，其背后的公司 Yuga Labs 的估值已达到 40 亿美元。在当晚的《肥伦今夜秀》现场，希尔顿甚至慷慨地向观众赠送了属于她个人的 NFT。不过，这股热潮很快就有所减退。截至 2022 年底，NFT 市场已陷入低迷，它饱受指责，被视为泡沫经济的制造者。尽管如此，NFT 在一段时间内仍然备受关注，名人们几乎每天都在“铸造”属于自己的 NFT，以彰显其独特魅力。

不久前，“铸造”NFT 仍是一个新兴概念。实际上，NFT 曾在 2021 年引发轰动，但其起源可以追溯至 2014 年，当时，一对艺术家夫妇希望销售他们的数字作品。

和所有艺术家和收藏家一样，詹妮弗（Jennifer）和凯文·麦考伊（Kevin McCoy）也面临着一个普遍的问题：如何证明他们出售的艺术作品是独一无二的原作。由于人们可以轻松地复制和传播数字版本的艺术作品，所以如何确定真正的原作变得更加具有挑战性。詹妮弗和凯文·麦考伊创作了一幅名为《量子》（Quantum）的荧光八边形脉冲图像，而他们希望证明这幅作品的真实性。区块链技术为他们提供了解决问题的方法：每个创作步骤和相关信息都可以永久地记录在不可篡改的区块链上。麦考伊夫妇与合作者阿尼尔·达什（Anil Dash）使用域名币区块链来记录创作过程。这一创作过程最终于 2014 年 5 月 3 日被成功记录在区块链上，这也标志着 NFT 这一概念的诞生。

但在某些情况下，单独行动或独创思维可能不足以实现目标或产生影响，麦考伊夫妇和达什必须说服他人，他们的想法值得效仿。于是在 2014 年 5 月初的一次会议上，凯文·麦考伊以 4 美元的价格将另一幅数字图像卖给了达什。通过这次交易，作品的所有权被转移，同时区块链记录也得到了更新。

麦科伊夫妇和达什的早期实践为其他人提供了启发，鼓励他们进一步探索 NFT 领域。虽然域名币和《量子》并未长久存在，但 NFT 的趋势已经确立，这一事件为其后续发展奠定了基础。2017 年左右，第一批 NFT 开始在以太坊区块链上出现；以太坊相对域名币更主流性，应用也更广泛。同年，加密朋克（CryptoPunks）推出，这是一组包含 1 万个独特的、基于以太坊区块链的像素艺术角色，而且还是免费的。最终，那些抢先拥有加密朋克的人犹如坐拥金山，因为在 NFT 交易市场达到巅峰时，加密朋克的价格飙升至数百万美元，其中最昂贵的 #5822 加密朋克于 2022 年 2 月以 2370 万美元售出。

数字世界与物理世界的融合

NFT 背后的原则非常简单：数字与物理相结合，数字艺术具有实际价值。NFT 证明了 Web 3.0 的概念——我们可以采用去中心化的方法或理念来进行某项活动或处理某些事务。

虚拟现实与物理现实的融合、去中心化等理念，都在另一个 Web 3.0 技术中得到了体现：元宇宙。

元宇宙首次被描绘为潜在的未来时，恰逢第一代万维网开始引起关注。1992 年，科幻小说《雪崩》（*Snow Crash*）出版，书中的主人公阿弘（Hiro Protagonist）做着一份没有出路的工作，且一心想要摆脱现状。对于今天的读者来说，阿弘的境遇似乎与他们有些相似。

在小说中，新世界的加密数字已经取代了传统货币。少数几家公司操控了世界的经济命脉，它们不再以人类福祉为重，而是追求自身私利。（正如前文所述，这种情况是否与当前某些特定事件或现实情境类似？）全球范围内的经济崩溃使大多数民众陷入困境。为了逃离困顿的现实，主人公阿弘戴上虚拟现实眼镜，进入了一个被称为“元宇宙”的数字世界。在元宇宙中，阿弘的数字化形象过上了更加丰富多彩的生活。

成书于1992年的《雪崩》在2021年10月再次引发公众的共鸣，当时，马克·扎克伯格发表了一个长篇演讲，并宣布将脸书重新命名为Meta（元）。那时的人们正因为防控新冠病毒而不得不居家隔离，并且只能通过少数几个被垄断企业掌控的社交媒体平台互相联系和交流。这一现实情况与小说《雪崩》中描述的虚拟现实世界出奇地相似。

马克·扎克伯格决定打造元宇宙的战略转变不仅与时俱进，还在某种程度上推动了迈向元宇宙的发展趋势。根据金融研究公司Sentieo的数据，2021年，有近160家公司在财务报表中提到了“元宇宙”，而其中93家公司是在脸书改名后才开始涉足这一领域的。这一现象的出现并非偶然，因为扎克伯格承诺每年投入100亿美元建设“元宇宙”，力图将他的愿景变为现实。他希望在21世纪20年代结束时吸引10亿人加入元宇宙。

元宇宙实际上是将科幻小说《雪崩》中设想的虚拟世界变为现实。按照马克·扎克伯格的设想，人们能够在元宇宙中从事各种活动，包括社交互动、工作任务和娱乐体验，就像在现实世界中一样，但这一切都是通过数字化形象来实现的。元宇宙的实现离不开Web 3.0的基础技术，例如区块链，以及为虚拟替身穿上NFT服装的概念。

元宇宙的概念和技术具有未来感，而且此刻就是最好的时机：正如前面几章所介绍，互联网的速度及电脑和手机的处理能力有了显著提升。但是，这种概念和技术并不是全新的，至少从高层次或基本原理上来看，它们并没有完全创新。

网络虚拟游戏《第二人生》

《第二人生》（*Second Life*）是由美国林登实验室（Linden Labs）发行的一款网络虚拟游戏。这款游戏的铁杆粉丝已经在游戏构建的元宇宙世界里生活了二十多年。自 2002 年推出以来，《第二人生》为玩家提供了一个沉浸式的 3D 世界，允许他们通过虚拟替身体验生活、工作和娱乐（属实妙不可言）。

这种情况确实发生了。2006 年，网络虚拟游戏《第二人生》风头正劲，其创造的国内生产总值（GDP）达到 6400 万美元，用户数量达百万。然而，这一辉煌并未延续。2002 年，当时的英国只有 100 多万人连接宽带，这限制了《第二人生》等实时互动游戏的发展；如今，英国的宽带连接用户已经增至 2700 万。当时，最强大的商用微芯片也只有 2.2 亿个晶体管。由于计算机微芯片的限制，游戏图形以卡通风格呈现；但是今天的微芯片上已经有接近 400 亿个晶体管，理论上我们更有能力融入这个虚拟世界。但仅仅是理论上而已。

包括马克·扎克伯格在内的 Web 3.0 坚定支持者认为，元宇宙是未来的趋势。在他们看来，未来，人们将不再只是通过屏幕来观看数字世界，而是会广泛采用虚拟现实技术，通过戴上虚拟现实眼镜直接进入元宇宙，在数字化环境中从事各种活动，包括处理银行业务、工作、社交互动和娱乐等。（2023 年初，苹果公司推出售价 3499 美元的 Vision Pro 头戴式显示设备。尽管高昂的设备价格可能会让很多人望而却步，但这依旧让一些支持者对元宇宙的前景更加充满信心。）但也有一些人持保留态度：新冠病毒流行期间，我们完全有机会迈向在线生活，但一旦有机会面对面互动，我们还是欣然拥抱线下社交；另外，又有多少人真的愿意花 3499 美元购买一个头显设备呢?

元宇宙是互联网史上的一个篇章，但我们至今尚无法全面勾勒它的形态——我们尚不清楚，元宇宙的真实情况是否与宣传广告相符。然而，另一个互联网产业已在快速重塑，我们可以非常有把握地认为，它将远远超过元宇宙，对社会产生更为深远的影响。

生成式人工智能

人工智能(AI)已经诞生数十年。1950年,计算机科学家艾伦·图灵(Alan Turing)提出了图灵测试,旨在评估机器是否能表现出与人类相似的智能行为。20世纪50年代初,英国学者通过编写计算机程序,让计算机学习跳棋和国际象棋的基本规则。同时,术语“人工智能”于1956年在美国达特茅斯大学举办的一次研讨会上首次正式提出。

随着时间的推移,人工智能不断发展,迎来了许多关键的里程碑,其中包括国际象棋计算机“深蓝”(Deep Blue)的成功。通过每秒钟分析2亿种走法的能力,“深蓝”最终击败当时的人类世界冠军加里·卡斯帕罗夫(Garry Kasparov)。但当时,“深蓝”的知识仍相对表面化,人类要达到现今所处的高度发展的人工智能时代,还需要更多的时间和进一步的发展。

一些人通过满足企业和个人追求更高搜索引擎排名的需求,赚取了可观的经济利益。谷歌最终认识到“关键词堆砌”的问题,并调整了决定网站排名的规则和算法。尽管如此,为了吸引更多的用户,仍然有人愿意让专业人员制作网站内容并为此支付费用。

关键词堆砌

在搜索引擎出现的初期阶段，一些网站之所以在搜索结果中排名更靠前，是因为它们被认为与用户搜索内容更相关。

搜索引擎通常根据用户输入的关键词来呈现相关的搜索结果。如果用户正在寻找关于购买新车的建议，他们会使用特定的关键词来搜索，如“最值得入手的新车”“靠谱新车”，以及一些特定汽车品牌的名称，例如福特(Ford)、沃克斯豪尔(Vauxhall)、雪佛兰(Chevrolet)、菲亚特(Fiat)或大众（Volkswagen），又或者是“每加仑汽油能行驶最多英里数的汽车”以及“最耐用的汽车”。为了在搜索结果中获得更高排名，一些网站会将这些关键词密集地包含在网页内容中，以提高其在搜索结果中的可见性。

“关键词堆砌”的做法就是在这种情况下流行起来的。但是，网站内容通常由成本较低的外包人员撰写，所以这些内容并非总是有实际价值，这些外包人员的主要目标是尽可能多地涵盖各种关键词和短语，而不一定注重内容的清晰度和可读性。久而久之，网络上充斥着大量毫无意义的网页，甚至有些人将大量关键词和短语隐藏在和网页背景颜色相同的区域内，或是以极小的字体悄悄地放置在网页底部，试图绕过系统检测。

2023 年，生成式人工智能（Generative AI）已经成为主流趋势，这种技术无须外部干预就能够独立完成各种任务。举例来说，如果要求它生成一篇关于如何更换汽车化油器的 500 字文章，它能够自动生成文本。虽然生成的文本可能不完美，深入阅读时可能不够连贯，但它确实能够产生对应的内容。

2022 年 11 月，总部位于美国旧金山的人工智能研究实验室 OpenAI 发布了 ChatGPT。这款生成式人工智能模型一经发布便引起了轰动。它通过分析和吸收大量来自互联网的文本信息，从中学习并理解文本的写作方式和内容，然后使用这些知识生成新的文本。ChatGPT 的测试版本十分受欢迎，由于大量用户同时访问该模型，甚至导致服务器不堪重负，无法正常响应用户的请求。据瑞士银行（UBS）估计，全球每天约有 1300 万用户使用该模型。有人让该模型模仿威廉·莎士比亚（William Shakespeare）的语言风格制作一集《老友记》（*Friends*），也有人让它为自己的网站生成文案。

我们不妨来了解下具体的情况。有人让 ChatGPT 模仿莎士比亚的风格写一集《老友记》的剧情，结果工具生成了以下文本：

片名：《仲夏夜之梦》

【场景：中央公园；钱德勒（CHANDLER）、莫妮卡（MONICA）、罗斯（ROSS）、瑞秋（RACHEL）、乔伊（JOEY）及菲比（PHOEBE）坐在沙发上。】

莫妮卡：钱德勒，请问你对这处填字游戏有何高见？

钱德勒：亲爱的妻子，这真是一场挑战。但是有你在我身边，我感到我将无往而不胜。

【瑞秋愁容满面地走进来】

瑞秋：啊！我真是不幸！我的心如沉石。

罗斯：（站起身）亲爱的瑞秋，何故如此忧虑?

瑞秋：我在劳夫罗伦的工作晋升无望。

罗斯：勿惧，亲爱的瑞秋。命运必将眷顾你。

菲比：或许冥冥之中，这件事暗合了你真正的使命。

瑞秋：亲爱的菲比，何为我真正的使命?

菲比：嗯，尚不知晓。或许和独角兽有关?

乔伊：（一脸困惑）独角兽?在纽约?

【甘瑟（GUNTHER）端着托盘上场】

甘瑟：尊敬的先生们，美丽的女士们，需要续上咖啡吗?

众人：好的，甘瑟。

【众人同声欢笑】

罗斯：（转向钱德勒）钱德勒，不妨说说，你构思的笑话有何进展?

钱德勒：当然有。请你告诉我，如何称呼脑袋上站着海鸥的男人?

罗斯：我不甚清楚，当称之为何?

钱德勒: 克里夫(Cliff)? 因为那只海鸥……停在悬崖(cliff)

上？[①]

【众人咕哝一声】

莫妮卡：亲爱的，我觉得你还应该多加练习。

瑞秋：（起身）容我去趟洗手间。

【钱德勒的前女友珍妮丝（JANICE）上场】

珍妮丝：我的天爷啊！

【众人惊愕不已】

珍妮丝：（转向钱德勒）亲爱的，你可想念我？

钱德勒：天哪！

【第一场终】

不管钱德勒在中央公园讲的那个笑话效果如何，ChatGPT 都是与众不同的产品。这种大语言模型（LLM）是一种基于深度学习技术的语言处理模型，其核心是通过对大量语料库的学习来理解和生成自然语言文本。它已经吸纳了全球的知识，似乎能与人们就任何话题进行对话，执行各种任务，并回答提出的各种问题。人工智能和聊天机器人一直以来都被吹捧为未来的技术，而随着 ChatGPT 的出现，未来似乎已经变为现实。

或许你已经能洞察其中的走向。过去，充斥着网页最糟糕、最不准确的低质量内容，往往需要耗费时间、资金和人力才能产出，

① 海鸥主要生活在沿海附近的悬崖峭壁之上。在这个笑话中，悬崖的英文 cliff 也可以译作人名“克里夫”。

但如今，人工智能可以瞬间完成这一任务。虽然目前还处于起步阶段，但这可能对互联网构成重大威胁，因为优质的、由人类创作的内容有可能被人工智能产出的文本淹没。

深度学习

人工智能在长期的训练中擅长应对特定任务，但面对超出其专业领域范围的问题时，它无法运用更广泛的知识进行实际检验。比方说，即使“深蓝”可以在国际象棋中击败象棋大师，但如果让它尝试为一个新的真人秀节目制定大纲，它就不知道从何入手了。人类负责设定任务，而计算机只是被动执行任务。它不会主动进行学习，只会机械地复制。

人工智能需要变得更加复杂和高级。2014年，一群学者提出了实现这一目标的方法。同年6月，蒙特利尔大学的研究人员在学术研究在线服务器arXiv上发表了一篇题为《生成对抗网络》（“Generative Adversarial Networks”）的论文。伊恩·古德费洛（Ian Goodfellow）提出了这个新概念（或者说发明了这个新词），它彻底改变人工智能的发展方式。在这个新概念面前，视频重写（Video Rewrite）或主动表观模型（Active Appearance Model）等技术生成的图像显得十分简单和粗糙，一如毕加索的绘画与儿童涂鸦之间的区别。

生成对抗网络利用两个神经网络相互对抗的方式来

生成数据。用最简单的话来说，生成对抗网络的工作原理类似人类大脑的思维方式。通过大规模数据集的训练，生成对抗网络可以处理特定任务，比如描绘政治家的形象。这种训练过程使神经网络能够在特定领域表现出专家般的专业水平。

生成对抗网络由两部分构成，分别是“生成器”和“判别器”。它们协同工作，其中生成器会根据训练内容制造虚假信息，而判别器会区分生成的数据与真实数据之间的差异。这两部分相互竞争、博弈，从而不断改进自身的能力。最终，它们在各自的任务中取得了很大的进步，产生的内容几乎与真实内容没什么不同。

深度伪造图像

生成式人工智能的工作原理是通过识别训练数据中的模式，从中建立各个概念之间的联系，试图“理解”所处的环境。它不仅可以产生文本，还可以用于创造图像、音频和视频内容。

这引发了一系列问题：这意味着在网络上，人们会越来越多地碰到由人工智能生成的内容——部分愤世嫉俗的用户可能称之为“不真实”。有些内容可能是无害的，有些则可能具有危险性。无论何种情况，人们都应该仔细审查这些内容，寻找可能的模糊、异常的特征，以避免对用户的判断产生影响。

21 世纪 20 年代初期，互联网上涌现出大量“深度伪造”（deepfaked）内容，即通过人工智能和其他工具制作的虚假图像、视频或音频。这些虚假的内容看起来像是某人实际说过或做过的事情，但实际上是虚构的，与事实不符。其实，“深度伪造”这个概念的历史可以追溯到更早的时期。

深度伪造技术的第一项创新发生在 1997 年，当时，间隔研究公司（Interval Research Corporation）的三名工程师克里斯托弗·布雷格勒（Christoph Bregler）、米歇尔·科维尔（Michele Covell）和马尔科姆·斯拉尼（Malcolm Slaney）发表了一篇学术论文和一个名为“视频重写”的计算机程序。

视频重写技术利用现有的个人视频素材，自动创建新的视频，让这些个体说出他们从未说过的话。它会对原始视频中人物的口型进行分析，再将其与新内容进行匹配。例如，当一个人发出“哦”（oh）这个音时，他的嘴巴通常会形成一个圆形，而当发出“呃”（ee）这个音时，他的嘴巴是张开的，微笑般露出牙齿，嘴唇向两边伸开。视频重写技术会对这些口型重新进行排列，接着模仿某个个体说出新内容。研究人员认为，这项技术尤其适用于电影配音。

这一概念在后来由其他学者不断完善和推进。2001 年，学者们开发了一项名为主动表观模型的技术。该技术利用计算机视觉和算法，更精细地匹配声音与面部表情。然而，要真正创造出能够以假乱真的“深度伪造图像”，我们仍需要借助深度学习人工智能的发展。

人工智能如何改变搜索引擎

20 世纪 90 年代以来，谷歌稳坐搜索引擎领域的王座，其地位一直相对稳定。尽管有其他竞争者试图进入搜索引擎市场，但是谷歌通过不断升级搜索引擎技术，最终保住了自己在该领域的半壁江山。2011 年 2 月，谷歌推出了“熊猫算法”（Google Panda），这一举措彻底改变了搜索结果的排名方式，成功遏制了那些试图通过低质量搜索结果来操纵搜索排名的行为。

2012 年，Google 引入了知识图谱（Knowledge Graph）技术。通过这一技术，谷歌能够在用户进行搜索时向其提供与搜索主题相关的额外信息，而用户无须单击搜索结果链接跳转到其他网页。之后，谷歌对知识图谱技术进行了一系列持续的改进和更新，但都只是小幅度改进，没有突破性的重大变化。

在搜索引擎领域，微软和谷歌一直是竞争对手。微软在这个领域落后谷歌多年，但随着人工智能技术的发展，微软看到了机会。在 OpenAI 推出 ChatGPT 后，微软在 2023 年 1 月末向 OpenAI 投资了 100 亿美元，并于 2 月 7 日推出了一款由升级版 ChatGPT 提供支持的新版本必应（Bing）搜索引擎。谷歌意识到了局势的变化，因此抢在微软前一天推出了自己的大语言模型搜索工具“吟游诗人”（Bard）。就这样，多年来陷入停滞的搜索引擎市场再度展开激烈竞争。

由人工智能驱动的对话式搜索方式是一项巨大创新，也将彻底变革我们理解和浏览海量网络信息的方式（它有点类似早期的“问问吉夫斯”网站，只不过这一次的互动性更强）。传统的搜索引擎通常只提供一系列链接，用户需要自行点击链接来查找信息。但是，由人工智能驱动的对话式搜索会自动筛选信息并直接将信息呈现给用户，同时还允许用户与人工智能“大脑”进行对话，提出有关搜索主题的问题。然而，这种搜索方式也存在一个问题：它有时会编造不准确的信息，引发一些进行事实搜索的用户的困扰。

纽约大学的人工智能研究人员朱利安·托格里乌斯（Julian Togelius）认为，如果寄希望于人工智能驱动的对话式搜索方式提供准确的答案，这就犹如曾在早年试图解剖电鳗[①]并希望从中找到“生命本质”的西格蒙德·弗洛伊德（Sigmund Freud）——最终会失败。弗洛伊德是杰出的思想家，成就非凡，但在职业生涯的早期，他也曾四处寻找适合发挥才能的领域。托格里乌斯认为，将人工智能应用于搜索领域，就犹如弗洛伊德当年的情境：“如果你尝试将它们用于解剖电鳗（即产生准确的答案），那实际上是在浪费

① 一种大型的鳗鱼状鱼类，生活在奥里诺科河和亚马孙河流域，能够通过其电器官给予强烈电击。

精力。”

然而，眼下各大科技巨头正积极推动这股新潮流。截至本书撰写之时，微软和谷歌正在努力说服更多的用户转向对话式搜索引擎。至于成功与否，只能把答案交给时间了。

未来何去何从

人工智能、生成对抗网络和 Web 3.0 等技术都有希望彻底改变网络运作的方式，进而重写互联网规则，它们为那些过去没有相应技能或工具的人提供了强大的助力。对话式的生成式人工智能使我们能够将大部分思考任务外包给计算机，这对于激发创造力和推动整个经济来说，有着潜在的好处。

图像、音频和视频类生成式人工智能工具具有巨大的潜力，可以减少创作过程的复杂性并提高创作者的生产效率。一些人担心生成式人工智能可能会破坏人的创意能力，而另一些人则认为它可以成为一位积极的助手，帮助创作者激发更多的创作灵感。它可以让全新的艺术作品瞬间出现，帮助人们轻松创作出专业水准的作品。

某些了解互联网和科技发展史的人认为，我们正在经历的时刻将是互联网时代的重要转折点。

然而，任何事情都有其两面性。

互联网早期时代充斥着“标题党”和“关键词堆砌”的无意义内容，其设计初衷是愚弄搜索引擎，而非创造能够造福浏览者的有用信息。类似地，人们也担心生成式人工智能工具会带来泥沙俱下的后果——在提高创作效率的时候，让互联网充斥着无用信息。

三十多年来，互联网已经形成了一个巨大的垃圾信息填埋场。人们担心，现在我们正在不断地向这个填埋场里堆积生成式人工智能任务，这可能会导致一系列未知的后果，我们从未经历过这种情况。生成式人工智能工具的训练数据集本身就是来自互联网上的信息语料库，人们担心，我们可能在不自知的情况下，创造出一条21世纪的互联网“衔尾蛇”（ouroboros）[①]，使它陷入自我吞食的状态。

“垃圾进，垃圾出”（garbage in, garbage out）是人工智能领域的一种常见说法，意思是如果输入数据存在缺陷，就会导致误导性的结果并产生无意义的输出，也就是“垃圾”。令人担忧的是，如果大量生成式人工智能创建的内容充斥互联网，然后这些内容又被用于训练下一代工具，那么我们最终可能会失去客观事实和人类的创造力。到时候，互联网这座丰富的信息宝库将会被淹没在人工生成的垃圾之中，宝贵的真实信息难见天日。

人工智能将走向何方？它究竟是一项便利的技术，会将我们带往辉煌明亮的未来？抑或它只是一面哈哈镜，以怪诞变异的方式反射出社会糟糕的一面？诚然，人工智能可以帮助我们对互联

① 很多远古神话中都有一条吞食自身而存活下去的蛇，实则比喻人从诞生之日起，不断蚕食着昨日的自己，死后转生，重新由婴儿开始重复新的一生。

网上的信息进行筛选和整理，这本书的撰写编辑便是一个例证；但同时，人工智能也需要受到严格监督，确保它不会造成严重错误。此外，我也希望人工智能不会完全替代人类的文学创作和表达能力。

将数十年的互联网历史浓缩成简明易懂的内容，是一项颇具挑战的工作。首先，感谢安格莉卡·施特罗迈尔（Angelika Strohmayer）担任本书的外行读者，帮忙指出了初稿中技术性太强的表达，让本书的内容回归平实易懂。

感谢互联网之父温顿·瑟夫允许我在书中引用他的诗歌节选，永久留存这份珍贵的作品。感谢马克·格雷厄姆和伦纳德·克兰罗克与我分享他们的珍贵回忆。

感谢格伦·弗莱什曼。他不仅审阅了本书的初稿，还友好地提供了技术评审，确保本书没有出现严重错误。若有审查不周、挂一漏万之处，敬请读者原谅。

本书所记载的事实汇集了多种来源，包括关于互联网和万维网历史的众多著作、各类纪录片、报纸剪报，以及历史时事档案资料。